高职院校公共课系列"十三五"规划教材

计算机应用基础（第三版）

主　编　杜　力

副主编　方　鹏　魏　萌　熊　辉

U0250027

WUHAN UNIVERSITY PRESS
武汉大学出版社

图书在版编目(CIP)数据

计算机应用基础/杜力主编.—3版.—武汉：武汉大学出版社,2018.9
(2021.12重印)
高职院校公共课系列"十三五"规划教材
ISBN 978-7-307-20536-9

Ⅰ.计… Ⅱ.杜… Ⅲ.电子计算机—高等职业教育—教材 Ⅳ.TP3

中国版本图书馆CIP数据核字(2018)第208734号

责任编辑:任仕元　　　责任校对:李孟潇　　　版式设计:汪冰滢

出版发行:**武汉大学出版社**　　(430072　武昌　珞珈山)
(电子邮箱:cbs22@whu.edu.cn　网址:www.wdp.com.cn)
印刷:武汉图物印刷有限公司
开本:787×1092　1/16　印张:19.25　字数:397千字　插页:1
版次:2013年8月第1版　　2015年8月第2版
　　2018年9月第3版　　2021年12月第3版第7次印刷
ISBN 978-7-307-20536-9　　定价:47.00元

编 写 委 员 会

主 任　马发生

副主任　侯谦民　苏 龙

成 员　夏杨福　张 俊　官灵芳　付 翔　胡 炼

　　　　陈亚晖　杜 力　方 鹏　魏 萌　熊 辉

　　　　郭 娟　肖学玲

前 言

　　"计算机应用基础"是以着力培养高职高专学生信息素质为突破口的公共基础课，对学生的计算机素质教育与后续专业课程的学习起着重要作用。教材设计和编写理念基于"以学生能力提升为本位"，指导原则立足"理论以够用为度，技能以实用为本"。本教材既可作为高职高专院校计算机公共基础课程的教材，也可作为全国计算机等级考试相关科目的参考用书。

　　在教材的编写过程中，我们力求体现出以下特点：

　　（1）基于工作过程，以职业岗位能力为目标，注重教学内容的实用性。根据市场调研，精心设置教学内容，重构知识与技能组织形式。同时体现新知识、新技术，以满足实用性、针对性和特色性的要求。

　　（2）典型案例与软件功能融合，体现"教、学、做"一体化的教学思路。教学中所有的知识点都融入相应的任务中，在任务中设计教学单元，策划教学情景，明确教学目标，嵌入案例，融"教、学、做"于一体，培养实际操作技能。

　　（3）采用 Windows 7 + Office 2010 的平台。紧跟计算机应用技术动态，力求内容翔实、结构清晰、语言简练、通俗易懂，并具有较强的操作性和实用性。本书涵盖计算机基础知识、Windows 7 操作系统、Internet 应用、Word 2010 文字处理、Excel 2010 电子表格、PowerPoint 2010 演示文稿以及 Windows 10 简介等内容。

　　（4）注重教材的拓展性，为学生可持续发展奠定基础。按照后续专业课程以及学生走上工作岗位后对知识的需求，在教材中设置了一些必要的实用内容供学生自学。如在计算机网络应用这一部分，设置了局域网文件共享、Netmeeting 的使用；在 Windows 7 基础知识及应用的知识扩展部分我们设置了注册表，这些都会为学生走上工作岗位打下基础。

　　本教材由长江职业学院杜力担任主编，负责全书的规划、统稿并修改。肖学玲编写计算机基础知识部分，郭娟编写 Windows 7 基础知识及应用部分，魏萌编写计算机网络应用与 PowerPoint 2010 的应用部分，杜力、方鹏编写 Word 2010 的应用部分，熊辉编写 Excel 2010 的应用部分。

　　教材编写得到了长江职业学院党委书记李永健教授、校长田巨平教授、副校长马发生教授的关心与大力支持；教务处处长苏龙副教授、机电学院院长侯谦民教授及各院系多次对教材的编写提出指导意见；学校教材编写指导委员会为教材的编写召开了专题论证会，在此一并表示诚挚的感谢。本教材在编写过程中还得到了武汉大学出版社的大力帮助，在此表示诚挚的谢意！

　　在编写过程中，参阅了大量的教材、著作、文献和资料，在此谨向这些文献和资料的作者一并表示感谢。

　　由于编写时间仓促，编者水平有限，书中难免有疏漏和不足之处，恳请广大读者及专家批评指正，以便我们今后进行修订，使之不断提高和完善。

编　者
2015 年 8 月

第三版修订说明

　　为了更好地适应新技术的发展与教学需求，《计算机应用基础》（第三版）在原来的基础上对部分内容进行了更改与补充。第一部分增加了大数据与人工智能相关知识；第二部分增加了 Windows10 操作系统的相关介绍；第四部分补充了分节、分页的应用，并更改了艺术字的内容；第五部分补充了 Vlookup()函数与数据有效性的使用；第六部分补充了幻灯片母版、动画制作、投屏设置、排练计时等内容。

编者

2018 年 8 月

第三版修订说明

目　录

第一部分　计算机基础知识

　　随着计算机技术的发展以及计算机网络的普及，计算机在各个领域均得到了广泛的应用：从国民经济各部门到个人日常生活，无一不是计算机应用的天下，计算机对科技的进步、对社会的影响之大都是惊人的，使用计算机已成为日常工作、学习、生活中一门必不可少的技能。计算机是一种对信息进行接收、存储、处理和输出的电子设备。它能按照人们编写的程序对原始输入数据进行加工处理、存储或发送，以便获得所期望的输出信息，从而利用这些信息来提高社会生产率和改善人们的生活质量。正是由于计算机具有某些人脑才具有的存储、记忆、逻辑判断、运算等能力，故它又被俗称为"电脑"。

　　在本部分的学习中，主要有 2 个项目，让读者通过项目的完成来认识计算机，从而能了解计算机数据。项目 1 主要完成 3 个任务，让用户了解计算机系统，能自己配置和组装一台计算机，并能对计算机的安全进行有效防范；项目 2 主要完成 1 个任务，让用户熟悉程序在计算机中的执行情况。

项目1 认识计算机

计算机系统是一个整体，既包括硬件也包含软件，两者缺一不可。硬件是计算机系统的物理基础，是计算机的躯体；软件是计算机的头脑和灵魂。我们把没有软件的计算机称为"裸机"。裸机是无法完成任何任务处理的。反之，若没有硬件设备的支持，单靠软件本身，软件也就失去了其发挥作用的物质基础。只有将两者有效地结合起来，计算机系统才有生命力。整个计算机系统的好坏，取决于其软硬件功能的总和。

随着计算机技术的不断发展，计算机系统安全问题正变得越来越突出。计算机病毒几乎遍及各行各业，所有计算机都很难幸免遭受病毒的入侵，而且现在的计算机病毒威力越来越大，防范起来也越来越困难，给国家安全和社会经济造成了巨大损害，也给我们的工作和学习带来了极大的伤害。这就要求用户学会计算机系统的病毒预防和查杀技术。

任务 1.1　计算机硬件的配置

任务描述

本任务主要是认识计算机的构成、硬件的各功能部件在计算机中所起的作用，能通过计算机的性价比来选购计算机的硬件部分，能根据用户所需来合理配置计算机的硬件，最后完成计算机硬件的组装。

知识准备

1. "主机"的配置

计算机系统是由硬件和软件两大部分组成的。硬件是指计算机中的电子线路和物理装置，是能看得见、摸得着的物理实体。软件是相对硬件而言的，它包括机器运行所需的各种程序及其有关资料。而程序是为实现特定目标或解决特定问题而用计算机语言编写的命令序列的集合。

　　在生活中，人们习惯于把机箱及箱内的所有部件称为主机，机箱外的设备称为外部设备。主机的机箱里有 CPU、主板、内存、电源、硬盘、光驱、显卡、声卡、网卡等，主机配置的主要部件及作用如表 1-1 所示。

表 1-1　　　　　　　　　　　　　主机配置的主要部件及作用

部件图片	部件名称	作　用
正面　　　背面	CPU	CPU 是计算机的核心部件，对各部件进行统一的协调和控制。一台计算机所使用的 CPU 基本决定了这台计算机的性能和档次
	CPU 风扇	CPU 风扇用来降低 CPU 表面的工作温度，提高系统的稳定性
	主板	主板是固定在机箱内的多层印制电路板，其作用是连通各部件的基本通道，几乎所有的计算机部件都会连接到主板上
	内存	内存是由中央处理器（CPU）直接访问的存储器，它存放当前正在运行的程序和数据，一般用半导体存储器件实现，速度较快，容量较小
	电源	电源的作用是将交流电转换为计算机工作所需的直流电
	硬盘	硬盘是计算机必不可少的外存，操作系统和应用软件都保存在硬盘里；硬盘具有读写速度快、存储量大的特点，适合存储大容量数据
	光驱	光驱是读取光盘数据的部件
	显卡	显卡的作用是将需要显示的数据处理成显示器可以显示的格式，并送至显示器进行显示

续表

部件图片	部件名称	作　用
	声卡	声卡的作用是处理音频信号并将其送至音箱播放，或将话筒输入的音频信号转换成数字信号并进行处理
	网卡	网卡是连接网络的专门设备
	机箱	机箱的作用是放置和固定计算机部件，保护机箱内各部件免受外界电磁场的干扰

2. 外部设备的配置

外部设备包括计算机的输入设备和输出设备。

（1）输入设备的配置

输入设备是将人们需要处理的信息变换成计算机能接收并识别的信息送入主机。常见的输入设备有键盘、鼠标、摄像头、扫描仪、话筒、数码相机、手写板、条形码读入器等。常用输入设备的配置如表1-2所示。

表1-2　　　　　　　　　　　常用输入设备的配置

设备图片	设备名称	设备图片	设备名称
	键盘		鼠标
	数码相机		摄像头
	扫描仪		话筒

（2）输出设备的配置

输出设备是将计算机处理的结果以用户需要的形式输出，供用户使用。常见的输出设备有显示器、打印机、音箱、投影仪、绘图仪等。常见输出设备的配置如表1-3 所示。

表 1-3 常见输出设备的配置

设备图片	设备名称	设备图片	设备名称
	显示器		打印机
	音箱		投影仪

在进行计算机硬件配置时，应根据用户对功能的不同需求来实现最优配置。硬件配置的原则及注意事项如下：

（1）在计算机硬件配置之前进行摸底

① 打算配置什么价位的计算机。

② 是配置台式机还是配置笔记本。

③ 配置的电脑是以游戏娱乐为主还是以学习、工作为主。

④ CPU 有没有特定要求，比如用 INTEL 还是 AMD。

⑤ 显示器想要多大，是否宽屏，品牌是否指定。

⑥ 上网类型，是 ADSL 宽带还是无线。

（2）计算机配件选择原则

① 选择的主板要支持选择的 CPU。

② 主板选择品牌不能只看价格，还要看质量，不能把主板选得太差而其他配件却选得太高端。

③ 内存是降价比较快的配件，如果计算机只是用来做文字处理和上网，2G 内存足够，可以等到不够用的时候再添加。

④ 硬盘一共只有几个品牌，其性能、质量方面也相差无几，可根据价格来选取品牌。

⑤ 对显卡的选择，如果用户不玩 3D 游戏或进行 3D 动画制作，主板集成的显

卡就完全可以满足要求。

⑥ 光驱选择 DVD 刻录机，既具有普通 DVD 光驱读取的功能，还可以刻录。

⑦ 鼠标和键盘的接口建议选择 USB 或无线蓝牙等新趋势接口。

（3）模拟攒机

在正式开始购买并组装前，建议用户可以先到网络上的模拟攒机网站上模拟配置一下，以便更好地控制预算，比如：中关村模拟攒机。

任务实施

计算机硬件配置操作步骤如下：

通过网络、市场以及用户的调研，完成计算机硬件的合理配置，并将其配置好的硬件部件加以组装。

（1）列出硬件配置清单

根据当前市场行情，合理列出计算机硬件的配置清单，参考配置清单如表 1-4 所示。

表 1-4　　　　　　　　　　　　计算机硬件的配置清单

配件名称	型　号	报价/元	数量/个
CPU	Intel core I5 3470（盒）	1160.00	1
主　板	微星 ZH77A-G43	699.00	1
内　存	金士顿 8GB　DDR3　1600	350.00	1
硬　盘	Barracuda 1TB 7200 转　64MB 单碟（ST1000DM003）	410.00	1
光　驱	先锋 DVR-219CHV 24X 串口 DVD 刻录机	140.00	1
显　卡	影驰 GTX650Ti 黑将	970.00	
声　卡	创新 7.1 声卡 X-Fi Fatal1ty Platinum　SB0469		
显示器	三星 E1920NWQ 19 英寸宽屏	670.00	1
机　箱	扁辐侠天王塔 V1 豪华版	290.00	1
电　源	游戏悍将红星 R500M	290.00	
键鼠套装	配送		
音　箱	配送		
总　价		4979.00	

（2）计算机硬件的组装

步骤1　将 CPU 安装到主板上。

① 把 CPU 插座旁的小拉杆向外侧稍稍拉动，并向上扳到垂直的位置，接着将插座上的金属顶盖也向上拉起，如图 1-1 所示。

拉起小拉杆　　　　　　　　　　　　　　拉起金属顶盖

图 1-1　拉起小拉杆和金属顶盖

② 打开金属顶盖后会看到 CPU 插座的塑料保护盖(部分主板无此保护盖)。塑料保护盖上有两个小小的突出开口，用指甲插入即可撬起保护盖，如图 1-2 所示。

图 1-2　CPU 插座的塑料保护盖

③ 仔细观察 CPU 和 CPU 插槽上都有一个三角形的小箭头，在安装时要将方向对应正确，如图 1-3 所示。对好 CPU 和插座针脚后，将 CPU 轻轻放入插座即可，如图 1-4 所示。正确安装后，CPU 的绿色基板应与插槽顶端平齐。

图 1-3　对准三角形的小箭头　　　　　　图 1-4　将 CPU 放入插座

④ 放下金属顶盖，向下按一按保证到位，然后将金属拉杆回位，扣在小金属片下，如图 1-5 所示。

图 1-5　放下金属顶盖和金属拉杆

步骤 2　安装 CPU 散热器和风扇到 CPU 上。

散热器周围分布 4 个塑料扣具，当 CPU 正确安装之后，在放置散热器时需要注意将散热器的 4 个扣具对准 CPU 插槽上的相应位置。

注意：CPU 的散热器一般和风扇连在一起，它们也需要和相应的 CPU 插座配套，故在购买时要注意和 CPU 插座配套。

步骤 3　安装内存到主板上。

① 首先将需要安装内存的对应内存插槽两侧的塑胶夹脚（通常也称为"保险栓"）往外侧扳动，使内存条能够插入，如图 1-6 所示。

图 1-6　保险栓往外侧扳动

② 拿起内存条，然后将内存条引脚上的缺口对准内存插槽内的凸起或者按照内存条的金手指边上标示的编号 1 的位置对准内存插槽中标示编号 1 的位置，再稍微用点力，垂直地将内存条插到内存插槽并压紧，直到内存插槽两头的保险栓自动卡住内存条两侧的缺口，如图 1-7 所示。

图 1-7　安装内存条

步骤 4　将主板安装到机箱里，如图 1-8 所示；再安装显卡及扩展卡到主板相应的位置上，如图 1-9 所示。

图 1-8　安装主板

图 1-9　安装显卡及扩展卡

步骤 5　安装电源，连接主板电源线。将电源线插入主板电源插座中。

步骤 6　安装硬盘、光驱。放入机箱所对应的导槽，连接好数据线。

步骤 7　连接机箱引出线。不同的主板这些线的位置也不尽相同，具体安装时可以参照主板说明书。

步骤 8　整理机箱内的线缆。此时，机箱内的设备已经安装完毕，整理电缆线，以便机箱内散热，整理后的线缆如图 1-10 所示。

步骤 9　最后连接好所需的输入设备和输出设备。注意看清输入、输出设备的接口，并将其连入主机箱的对应接口，如图 1-11 所示。

图 1-10　整理后的线缆

图 1-11　输入和输出的接口

 任务 1.2　计算机软件的配置

任务描述

本任务主要是让用户能识别计算机软件系统，在对计算机硬件部分组装好后，完成计算机的软件配置。

知识准备

1. 系统软件

计算机软件分为系统软件和应用软件两大类。

系统软件用于实现计算机系统的管理、调度、监视和服务等功能，其目的是方便用户，提高计算机使用效率，扩充系统的功能。通常将系统软件分为以下 4 类：

（1）操作系统

操作系统是管理计算机资源（如处理器、内存、外部设备和各种编译、应用程序）和自动调度用户的作业程序，使多个用户能有效地共用一套计算机系统的软件。操作系统能管理计算机硬件、软件资源，使之有效应用；组织协调计算机的运行，以增强系统的处理能力；提供人机接口，为用户提供方便。常用的操作系统有 Windows、Linux、Unix 等。

（2）数据库管理系统

数据库和数据库管理软件一起，组成了数据库管理系统。所谓数据库就是实现有组织地、动态地存储大量相关数据，方便多用户访问的计算机软、硬件资源组成的系统。

（3）语言处理程序

常用的语言处理程序有汇编程序、编译程序和解释程序等。

汇编程序是用一些简单的英文字母组合代替一串串冗长的机器语言的命令。

编译程序也叫编译系统，是把用高级语言编写的面向过程的源程序翻译成目标程序的语言处理程序。

解释程序是高级语言翻译程序的一种，它将源语言(如 BASIC)书写的源程序作为输入，解释一句后就提交给计算机执行一句，并不形成目标程序。

（4）服务性程序

服务性程序是一类辅助计算机工作的程序，它提供各种运行所需的服务。例如用于程序的装入、链接、编辑和调试用的装入程序、链接程序、编辑程序及调试程序，以及故障诊断程序、纠错程序等。

2. 应用软件

应用软件是利用计算机及其提供的系统软件，为解决各种实际问题而编制的计算机程序。如工程设计程序、数据处理程序、自动控制程序、企业管理程序、情报检索程序、科学计算程序等。随着计算机的广泛应用，这类程序的种类越来越多。

常见的应用软件有以下几种：

① 各种信息管理软件，如 MIS 系统等。

② 办公自动化软件，如 Office、WPS 等。

③ 各种辅助设计软件以及辅助教学软件，如 AutoCAD 等。

④ 各种软件包，如数值计算程序库、图形软件包等。

注意：硬件和软件在一定的条件下是可以相互转化的。

任务实施

计算机软件配置操作步骤如下：

步骤 1 正常启动计算机。待计算机硬件组装完成后，接通电源，启动计算机，计算机在加电后自检，若听到"滴"的一声响，则计算机启动正常。

步骤 2 设置 CMOS。在 CMOS 中设置从光盘启动，以便通过安装盘安装各类软件。

步骤 3 安装系统软件。首先安装操作系统这一系统软件，操作系统的安装请根据其安装向导来完成。

步骤 4 安装应用软件。应用软件的安装根据其安装向导来安装便可。

按照以上 4 个步骤进行操作，即可完成计算机的软件配置。

本任务也可通过虚拟机来实现。虚拟机指通过软件模拟的具有完整硬件系统功能的、运行在一个完全隔离环境中的完整计算机系统。

—————○ 经验提示

应根据个人需要有选择地安装所需的应用软件，不要所有应用软件都安装，否则会影响计算机的性能。

 # 任务 1.3　计算机的安全防范

任务描述

本任务主要是完成计算机病毒的预防，熟悉感染病毒的计算机所具有的表现形式，学会查杀病毒。

知识准备

1. 计算机病毒的预防

在行业里，对计算机病毒的定义有很多种，这里我们认为计算机病毒是一种人为故意编制的对计算机系统数据（一般指计算机的软件方面）进行破坏的程序或指令的集合。这种程序一般能快速复制自身使其他程序被感染，并给计算机带来破坏和影响，甚至使计算机系统瘫痪。这种程序就像生物病毒一样可以进行传染、潜伏、变异和繁殖，所以人们称之为"计算机病毒"。计算机病毒依靠输入、输出设备或网络进行传播。

（1）计算机病毒的种类和特点

计算机病毒发展至今，各种病毒不计其数。一些个人电脑黑客和组织也在此期间快速成长起来，从而使得计算机病毒发展速度越来越快，数量越来越多，危害也越来越大。据不完全统计，计算机病毒正以每周 10 种的速度增加。

虽然目前流行的计算机病毒很多，如：熊猫烧香病毒、木马病毒、蠕虫病毒、宏病毒、脚本病毒等，但归纳起来，根据病毒存在的媒体形式，大致可划分为以下几种：① 网络病毒；② 文件病毒；③ 引导型病毒；④ 混合型病毒。

计算机病毒有以下特点：① 隐蔽性；② 传染性；③ 潜伏性；④ 可激发性；⑤ 破坏性。

（2）计算机病毒的表现形式

计算机受到病毒感染后，会表现出不同的症状，常见症状如下：

① 计算机不能正常启动；

② 运行速度降低；

③ 文件内容和长度有所改变；

④ 内存空间迅速变小；

⑤ 经常出现"死机"现象；

⑥ 外部设备工作异常。

病毒还会有一些其他的特殊表现形式，这就需要用户根据情况自己判断。

（3）计算机病毒的预防

计算机病毒危害那么大，用户该怎样去预防病毒呢？通常采用以下措施来切断病毒的传播途径：

① 提高对计算机病毒危害的认识；

② 安装、运行实时监控杀毒软件，及时升级并定时更新病毒库；

③ 使用移动存储设备前先对其进行检测，安全则使用，否则要进行杀毒；

④ 有规律地定期对重要数据进行备份；

⑤ 养成使用计算机的良好习惯，不要随意打开陌生人传来的页面链接，不要随便在网上下载软件或使用盗版软件；

⑥ 加强对网络流量等异常的监测，做好异常技术分析；

⑦ 若系统提示有漏洞，则需要及时安装补丁程序。

2. 计算机病毒的查杀

在实际工作和学习中，我们的计算机很容易就会被病毒感染，计算机感染病毒后需要用专业杀毒软件查杀，常用的专业杀毒软件有 360 杀毒软件、瑞星杀毒软件、金山毒霸杀毒软件、卡巴斯基杀毒软件等。

以上 4 款计算机病毒查杀软件可以在相应公司网站上下载试用版免费使用。通过阅读杀毒软件使用说明书，很容易学会软件的使用方法和操作技巧。

任务实施

计算机的安全防范操作步骤如下：

步骤 1　在浏览网页或下载文件时应先凭经验判断一下是否存在威胁，例如：一些比较有诱惑的网站，或者自动弹跳出来的图片、页面等。另外，在下载文件时要注意文件的后缀名，如某个图片文件直观的名称为 oei.jpg，而它的实际全名是 oei.jpg.vbs，表示这个文件中藏有 VBScript 病毒。

步骤 2　安装杀毒软件，并确保其能实时更新。在这里我们以安装 360 杀毒软件为例，双击下载的 360 杀毒安装软件，根据安装提示进行安装，安装完成后，检验杀毒软件是否需要更新，要让其病毒库和版本始终处于最新状态。360 杀毒软件版本及更新界面如图 1-12 所示。

图 1-12　360 杀毒软件版本及更新界面

步骤3　360 杀毒软件安装完成后，需要对计算机进行全面、彻底的扫描，使计算机处于安全状态。

步骤4　在使用陌生的输入输出设备时，首先要进行杀毒扫描处理，然后再使用。

步骤5　下载文件时，尽量选择相对安全和熟悉的网站进行下载。

步骤6　警惕欺骗性的病毒，如有时有些病毒会利用你熟悉朋友的 QQ 号或邮箱给你发送一个莫名其妙的网络链接，并声称让你转发给你的其他好友，这种链接很可能就是病毒。

步骤7　不要使自己的计算机处于网络共享的状态，因为这样一旦与你进行共享的计算机被病毒感染，你的计算机也就会被感染。

步骤8　使用客户端的防火墙或其他过滤措施，我们以常用的 360 安全卫士为例，同样下载安装后，也要更新，并进行扫描和杀毒。它不仅能过滤和拦截一些恶意插件，还能拦截木马病毒。360 安全卫士界面如图 1-13 所示。

图 1-13　360 安全卫士界面

步骤9　计算机若感染上病毒，可采用杀毒软件进行自动扫描、查杀。

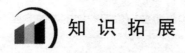 知 识 拓 展

1. 带你走进大数据

大数据的含义

大数据技术与应用展现出锐不可挡的强大生命力，科学界与企业界对此寄予了无比的厚望。大数据成为继 20 世纪末、21 世纪初互联网蓬勃发展以来的又一轮 IT 工业革命。

大数据（Big data 或 Megadata），或称巨量数据、海量数据、大资料，指的是所涉及的数据量规模巨大到无法通过人工在合理时间内达到截取、管理、处理并整理成为人类所能解读的信息。在总数据量相同的情况下，与个别独立的小型数据集（Data Set）相比，将各个小型数据集合并后进行分析可得出许多额外的信息和数据关系性，可用来察觉商业趋势、判定研究质量、避免疾病扩散、打击犯罪或测定实时交通路况等，这样的用途正是大型数据集盛行的原因。

大数据的应用见图 1-14。

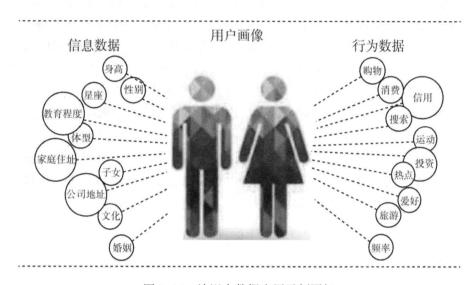

图 1-14 认识大数据应用示例图解

知识链接

（一）大数据的价值

大数据价值不断升值，商业价值越来越大，主要体现有：

（1）顾客群体细分；（2）模拟实际环境；（3）加强各部门联系；（4）发现隐藏线索。可以说，谁掌握的数据越多，谁就越可以抢占先机，发掘更多的商业价值，立于不败之地。

（二）国家政策支持

国务院日前印发了《促进大数据发展行动纲要》。当今世界，信息化浪潮席卷全球，大数据、云计算、物联网等蓬勃发展，使互联网时代迈上了一个新台阶，今天我们中国就要把握住世界科技革命的历史机遇。

（三）岗位需求

随着企业越来越重视大数据的利用，近几年大数据人才缺口就已高达百万，目前企业高薪都难以找到足够的大数据开发人才，大数据从业者的增长量远远满足不了市场需求的扩张，大数据人才需求将出现"井喷"现象。

2. 开启你的 AI（人工智能）之旅

AI（人工智能）的含义

当前热点话题无疑包含有虚拟现实(Virtual Reality，VR)和人工智能(Artificial Intellegence，AI)。在互联网应用背景下，VR 和 AI 也一直是网上讨论的热点。从互联网的底层运行逻辑来看，无论是 VR 还是 AI，其基础都是数据——准确、真实、可信的数据。数据对于 VR、AI 的意义，就如同知识(真正的真知灼见)对人的意义。AI 是研究、开发用于模拟、延伸和扩展人的智能的理论、方法、技术及应用系统的一门新的技术科学，是计算机科学的一个分支，它企图了解智能的实质，并生产出一种新的能以人类智能相似的方式做出反应的智能机器。该领域的研究包括机器人、语言识别、图像识别、自然语言处理和专家系统等。人工智能从诞生以来，理论和技术日益成熟，应用领域也不断扩大，可以设想，未来人工智能带来的科技产品，将会是人类智慧的"容器"。人工智能可以对人的意识、思维过程进行模拟。人工智能不是人的智能，但能像人那样思考、也可能超过人的智能。

（知识链接）

人工智能的主要研究成果
- 人机对弈

1996 年 2 月 10 日～17 日，GARRY KASPAROV 以 4∶2 战胜"深蓝"（DEEP BLUE）。

1997 年 5 月 3 日～11 日，GARRY KASPAROV 以 2.5∶3.5 输于改进后的"深蓝"。

2003 年 2 月，GARRY KASPAROV 3:3 战平"小深"（DEEP JUNIOR）。

2003 年 11 月，GARRY KASPAROV 2:2 战平"X3D 德国人"（X3D-FRITZ）。

2016 年 3 月，人工智能围棋程序"阿尔法围棋"（AlphaGo）战胜棋手李世石。
- 模式识别

采用 $ 模式识别引擎，分支有 2D 识别引擎、3D 识别引擎、驻波识别引擎以及多维识别引擎。

2D 识别引擎已推出指纹识别、人像识别、文字识别、图像识别、车牌识别；驻波识别引擎已推出语音识别；3D 识别引擎已推出指纹识别玉带林中挂（玩游智能版 1.25）。
- 自动工程

自动驾驶（OSO 系统）

印钞工厂（￥流水线）

猎鹰系统（YOD 绘图）

● 知识工程

以知识本身为处理对象，研究如何运用人工智能和软件技术，设计、构造和维护知识系统。

● 专家系统

智能搜索引擎

计算机视觉和图像处理

机器翻译和自然语言理解

数据挖掘和知识发现

智能机器人应用示例见图 1–15。

图 1–15　智能机器人应用示例

认识键盘

3. 键盘的分布及功能

　　键盘是计算机的主要输入设备之一，中文汉字、英文字母、数字符号以及标点符号就是通过键盘输入计算机的。键盘品种众多，少数键可能位置不同，我们通常使用的是 104 键的键盘。无论是哪一种键盘，它的功能和键位排列基本上都分为功能键区、主键盘区、编辑键区、小键盘区。键盘布局如图 1–16 所示。

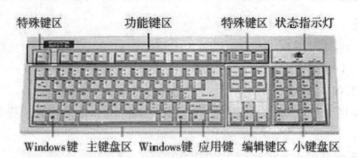

图 1-16　键盘布局示意图

4. 键盘上的指法分布

（1）基准键及其手指的对应关系

基准键共 8 个，即 7 个字母键（A、S、D、F、J、K、L）和 1 个标点符号键（；）。这些键与指法的对应关系如图 1-17 所示。

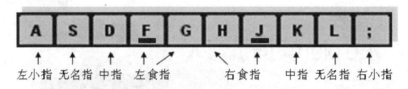

图 1-17　基准键与指法的对应关系

（2）键盘的正确操作及键盘的指法分布

正确地掌握键盘的操作可以减少输入的错误以及降低疲劳，端坐在计算机前面，手肘贴身躯，手腕要平直，手臂保持静止，手指稍微弯曲放在基准键上，调整好坐姿，身体保持平直、放松，腰和背不要弯曲，这样在输入时才能准确快速地敲击按键。输入完成以后手指返回基准键位，力量要平均，速度视熟练的程度逐步加以提高。图 1-18 是打字练习的指法图，展示了每个手指所分管的字符键。

图 1-18　键盘的指法图

5. 学会输入法的使用

（1）汉字输入法的启动和关闭

启动 Windows 7 后，默认的输入法是英文输入法。

① 汉字输入法的启动

- 单击任务栏右边的语言栏按钮，即出现输入法列表框。
- 单击选定的汉字输入法，就会出现汉字输入状态框，启动完成。

② 汉字输入法的关闭

- 单击任务栏输入法管理框图标，选定其上的"关闭输入法"即可。
- 单击输入法指示器，可以选定另一种输入法，即通过输入法的切换来进行关闭。
- 按组合键"Ctrl + 空格"可以启动汉字输入法，再按一次则会关闭汉字输入法，回到英文输入状态。按"Ctrl + Shift"组合键，可以在汉字输入法之间轮流切换。

（2）汉字输入法的设置

用鼠标右键点击输入法图标，点击"设置"，在弹出的"文字服务和输入语言"窗口里可以"添加"或"删除"输入法，此时可自行添加常用输入法或删除不需要的输入法。注意删除不需要的输入法并不是彻底删除，而只是从语言栏中删除，以后需要的时候还可以再调出来。

输入中常用的组合键有：

"Ctrl + 空格"：可在中、英文输入法之间进行切换。

"Ctrl + Shift"：可在汉字输入法之间轮流切换。

"Shift + 空格"：可在中文输入法的全角、半角之间切换。

"Ctrl + ."：可在中、英文标点之间进行切换。

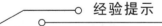

○ 经验提示

练习指法时，可使用金山打字软件练习指法，以提高输入速度。

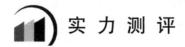

实 力 测 评

1. 个人笔记本的配置

通过学习任务 1.1 至任务 1.3 后，应能独立配置个人笔记本，现要求配置 1 台价格在 6500 元以内的个人笔记本，具体要求如下：

（1）配置要求

① CPU：酷睿双核（I5 系列及以上）。

② 内存：DDR3 4GB。

③ 硬盘：500G 以上。

④ 光驱：DVD 光驱，带刻录功能。

⑤ 具有无线网络功能。

（2）配置建议

① 品牌：建议采购质量和服务有保证的大品牌产品。

② 为了切合今后的发展趋势，建议采用宽屏显示器（但尺寸不宜过大）。

③ 若经常使用 CAD 和其他图形处理软件，建议配 512 M 显存以上的独立显卡。

④ 采购时选择有较长质保期的电脑，并要求其初装的操作系统和应用软件尽可能为正版软件。

2. 指法练习

计算机的键盘是计算机最主要的输入工具，也是操作计算机的主要手段。养成良好的计算机操作习惯非常重要，键盘操作姿势的好坏和是否运用正确的指法进行输入，将直接影响操作者的眼睛健康、输入的准确度和速度，通过指法练习可以锻炼手指的灵敏度。

（1）指法练习基本要求

要求在熟悉键盘的各个分区及主要作用的情况下，采用正确的姿势，训练键盘操作时的击键及击键时的手指分工，采用标准打字指法，训练"盲打"，达到不少于每分钟输入 35 个字的速度和 100%的准确率。

（2）指法测评

① 训练键盘上如下 8 个基本键对应的指法操作。

② 采用标准打字指法，训练"盲打"。如采用"金山打字通"来进行指法练习。

③ 输入英文和特殊字符的训练：打出下面的字符，看谁打得又快又准。

KlDABCwGfIoJwQaSzXcVbMtNyUrH3 ：$ ！H # 7 * (? < [/ @ 0 | % &6! kM3pui28erQnVc

④ 输入中文的训练：选择一种适合自己的汉字输入法，对教材上 100 个左右的汉字进行输入训练，记录自己的速度和准确率，看是否达到训练要求。

项目 2　了解计算机数据

对计算机的理解不能仅限于硬件部分，应该将硬件和软件看做一个系统，即计算机系统。在计算机系统中，硬件和软件都有各自的组成体系，分别称为硬件系统和软件系统。计算机硬件系统由五大功能部件组成，即运算器、控制器、存储器、输入设备和输出设备。其中运算器和控制器一起构成中央处理器（简称为 CPU），它是计算机的核心部件。而软件系统是相对硬件系统而言的。本项目通过程序在计算机中执行的流程来介绍计算机的工作过程。

 任务 2.1　程序在计算机中的执行

任务描述

本任务主要通过完成一条指令在计算机中的执行，来剖析计算机各部件的功能、部件之间的关系，也进一步阐明程序是如何在计算机中执行的。

知识准备

1. 数据的输入与输出

计算机中数据的输入与输出都是通过对应的输入/输出设备来实现的。输入/输出设备简称为 I/O 设备。计算机通过输入设备获得外部信息，通过输出设备将计算机的处理结果提供给外部设备。输入/输出设备与主机进行的信息交换是通过接口实现的。输入/输出设备与主机的连接如图 2-1 所示。

图 2-1　输入/输出设备与主机的连接

重要问题：I/O 设备为什么要通过接口与主机相连接？

CPU 与内存直接相连，而与 I/O 设备不能直接相连，因为高速的 CPU 与内存速度接近，而与 I/O 设备的速度相差悬殊，故需要通过接口进行速度缓冲。

2. 数据的存储与处理

数据通过输入设备的输入后，存放在计算机的存储器中，存储器是一个既可以用来存放程序也可以用来存放数据的部件。按在计算机系统中的作用可将存储器分为内存储器与外存储器。内存储器简称内存，用来存放 CPU 正在运行的程序和数据。外存储器简称外存，用来存放 CPU 暂时不用的程序和数据。外存与内存相比，外存速度慢、存储容量大、价格低。外部存储设备包括磁存储器（如早期使用的软盘）、光存储器（如 CD、VCD、DVD 等）、半导体存储器（如 U 盘、移动硬盘及各种移动存储设备）。

对数据的处理，这里主要介绍加工信息的运算器。运算器是一个用于信息加工的部件，即完成运算功能的部件。运算器中有一个算术逻辑运算单元，简称运算逻辑单元（ALU），它执行各种数据运算操作。运算操作包括算术运算和逻辑运算。算术运算是按照四则运算规则进行的运算，如加、减、乘、除及它们的复合运算。逻辑运算一般泛指非算术性运算，如逻辑加、逻辑取反、逻辑乘及异或等操作。

3. 数据的控制

计算机中数据的控制是靠控制器来完成的。控制器是计算机的指挥中心，它发出各种命令，使计算机自动、协调地工作。这是统一协调各部件的中枢，相当于计算机中的"计算机"。

计算机中有两股信息在流动，一股是控制信息流，即操作命令，它分散流向各个部件；一股是数据信息，它受控制信息流的控制，从一个部件流向另一个部件，边流动边加工处理。数据在计算机中的输入、存储、处理、控制、输出情况如图 2-2 所示。

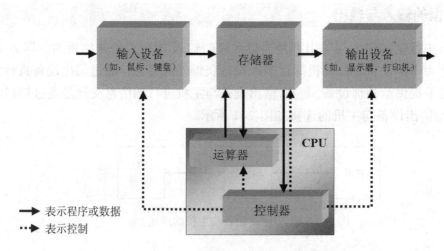

图 2-2 计算机系统基本工作过程图

计算机系统工作原理可描述如下：

① 将预先编写好的程序和运算处理中所需要的数据，在控制器的控制下通过输入设备送到计算机的内存储器中，如果是需要长久保存的程序和数据，则在控制器的控制下送到外存储器中保存，这个过程称为存储程序。

② 控制器根据程序计数器的内容，从内存储器中逐条读取程序中的指令，并按照每条指令的要求执行所规定的操作。

③ 如果要执行某种运算，则在控制器的控制下，按指令中包含的地址从内存储器中取出数据，送往运算器进行运算，然后再在控制器的控制下按地址把结果送往内存储器中保存。

④ 如果需要将处理结果长久保存或将处理结果通过外部设备输出，则在控制器的控制下将内存储器中的数据保存到外存储器中或通过输出设备输出。

任务实施

由于程序是由指令构成的，是为解决某一问题而编写的指令序列，本任务实施要求首先写出指令在计算机中的执行步骤，然后再写出程序在计算机中的执行步骤。

（1）指令在计算机中的执行步骤

步骤 1 输入信息（程序和数据）在控制器控制下，由输入设备输入到存储器。

步骤 2 控制器从存储器中取出程序的一条指令。

步骤 3 控制器分析该指令，并控制运算器和存储器一起执行该指令规定的操作。

步骤 4 运算结果在控制器的控制下，送存储器保存（供下一次处理）或送输出设备输出，第一条指令执行完毕。

步骤 5 返回到步骤 2，继续取下一条指令，分析并执行。如此反复，直至程序结束。

（2）程序在计算机中的执行步骤

步骤 1 程序必须是计算机能识别的语言。计算机能直接执行的语言是机器语言，故用高级语言或汇编语言编写的程序必须先翻译成机器语言。

步骤 2 CPU 从内存中取出一条指令到 CPU 中执行。

步骤 3 指令执行完后，再从内存中取出下一条指令到 CPU 中执行。

步骤 4 等到程序的每条指令都执行完为止。

CPU 不断地取指令、分析指令、执行指令，程序就是这样在计算机中执行的。

第二部分 Windows 7 基础知识及应用

　　Windows 操作系统是一款由美国微软公司开发的窗口化操作系统，是目前世界上使用最广泛的操作系统。Windows 采用了 GUI 图形化操作模式，比起以前的指令操作系统更为人性化，操作更方便。Windows 7 是由微软公司于 2009 年 10 月发布并投入市场的新一代操作系统。Windows 7 可供家庭及商业工作环境、笔记本电脑、平板电脑、多媒体中心等使用。Windows 7 包含 6 个版本，即 Windows 7 Starter（初级版）、Windows 7 Home Basic（家庭普通版）、Windows 7 Home Premium（家庭高级版）、Windows 7 Professional（专业版）、Windows 7 Enterprise（企业版）、Windows 7 Ultimate（旗舰版）。Windows 7 是微软操作系统一次重大的革命创新，它有着更华丽的视觉效果，在功能、安全性、软硬件的兼容性、个性化、可操作性、功耗等方面都有很大的改进，是未来几年内微机操作系统的主流。

　　本部分的学习中，共设置了两个任务，主要让读者学习 Windows 7 系统的基本使用方法和 Windows 7 平台下各类常用多媒体软件的使用方法。

项目 3　操作系统的使用

Windows 7 具有良好的人机交互界面，与之前的 Windows 系统相比，该系统的界面变化较大，如桌面元素的使用、任务栏的操作、"开始"菜单的运用、窗口的使用等。

Windows 7 系统允许用户对系统进行个性化设置，例如改变桌面背景和图标、设置主题、设置用户账户等操作，方便用户美化计算机的使用环境。

本项目通过两个任务具体介绍 Windows 7 操作系统的基本设置与资源管理。通过学习，应做到以下几点：

熟练掌握 Windows 7 操作系统的桌面环境设置；

熟练掌握 Windows 7 操作系统的系统环境设置；

熟练掌握 Windows 7 的文件管理、磁盘管理等基本操作方法；

了解注册表、组策略的基本理论知识。

 任务 3.1　Windows 7 操作系统的设置

任务描述

为了让用户在使用计算机时拥有一个轻松、舒适、易用的工作环境，本任务主要学习利用控制面板中的工具实现 Windows 操作系统的个性化、系统等设置。

知识准备

1. Windows 7 个性化设置

Windows 7 系统是多任务多用户的操作系统，用户在进入 Windows 7 时可以任意选择一个用户身份登录，Windows 7 系统允许每个用户拥有自己的桌面环境，每个用户都可以设置自己喜欢的个性化桌面环境。

（1）Windows 7 桌面

Windows 7 系统启动完成后，用户看到的界面即 Windows 7 的系统桌面。系统桌面包括桌面图标、桌面背景和任务栏。如图 3-1 所示。

图 3-1　Windows 7 桌面

① 桌面图标

桌面上的小型图片称为图标。可以将它们看做到达计算机上存储的文件和程序的入口。将鼠标放在图标上，将出现文字，标识其名称和内容。要打开文件或程序，请双击该图标。

· 常用桌面图标

Windows 7 系统桌面上常用的图标有 5 个，分别是"用户的文件"、"计算机"、"网络"、"Internet Explorer"和"回收站"。表 3-1 介绍了 5 个常用图标的功能。

表 3-1　　　　　　　　　　　　常用图标的功能

名　　称	功　　能
用户的文件	即为用户的个人文件夹，它含有"图片收藏"、"我的音乐"、"联系人"等个人文件夹，可用来存放用户日常使用的文件
计算机	显示硬盘、CD-ROM 驱动器和网络驱动器中的内容
网络	显示指向网络中的计算机、打印机和网络上其他资源的快捷方式
Internet Explorer	访问网络共享资源
回收站	存放被删除的文件或文件夹；若有需要，亦可还原误删文件

- 初始桌面图标

第一次进入 Windows 7 系统时，桌面上仅有一个图标，即"回收站"。

- 显示常用图标

初次进入 Windows 7 系统时除了显示"回收站"外，其他 4 个图标并未显示在桌面上，为了操作方便，可以通过设置将它们显示出来。操作步骤如下：

步骤 1 右击桌面空白处，在弹出的快捷菜单中选择"个性化"。

步骤 2 在个性化设置窗口，单击"更改桌面图标"，如图 3-2 所示。

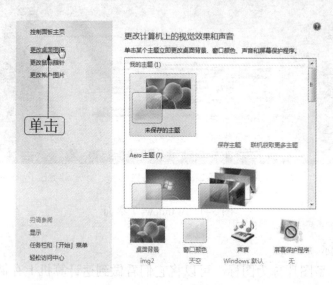

图 3-2 个性化设置窗口

步骤 3 在"桌面图标设置"对话框中，勾选需要添加的常用图标，如图 3-3 所示，单击"确定"按钮，即可完成显示常用图标的操作。

- 桌面小工具

Windows 7 操作系统自带了 11 个实用小工具，能够在桌面上显示 CPU 和内存利用率、日期、时间、新闻条目、股市行情、天气情况等信息，还能进行媒体播放及拼图游戏等。选择添加小工具的方法如下：

在桌面空白处右击鼠标，在弹出的快捷菜单中选择"小工具"命令，打开小工具的管理界面，可以将需要的工具拖动到桌面的任何位置，如图 3-4 所示。

图 3-3 "桌面图标设置"对话框

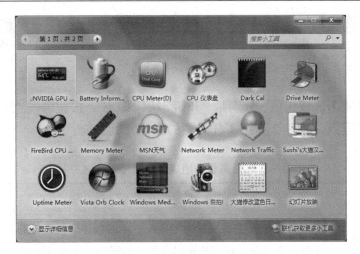

图 3-4　桌面小工具窗口

②　"开始"菜单

"开始"菜单可以通过单击"开始"按钮或利用 Windows 键盘上的 Windows 徽标键来启动，是操作计算机程序、文件夹和系统设置的主通道，方便用户启动各种程序和文档。

"开始"菜单的功能布局如图 3-5 所示。

图 3-5　"开始"菜单

③　任务栏

进入 Windows 7 系统后，在屏幕底部有一条狭窄条带，称为"任务栏"。如图 3-6 所示。

任务按钮区　　　　　　　　　　　　　　　　　通知区　显示桌面

图 3-6　任务栏

任务栏由 4 个区域组成，分别是"开始"按钮、"任务按钮区"、"通知区"和"显示桌面"按钮组成。表 3-2 介绍了任务栏的组成及其功能。

表 3-2　　　　　　　　　　　　　　**任务栏的组成及其功能**

名　称	功　能
任务按钮区	任务按钮区主要放置固定任务栏上的程序以及正打开着的程序和文件的任务按钮，用于快速启动相应的程序，或在应用程序窗口间切换
通知区	包括"时间"、"音量"等系统图标和在后台运行的程序的图标
"显示桌面"按钮	"显示桌面"按钮在任务栏的右侧，呈半透明状的区域；当鼠标停留在该按钮上时，按钮变亮，所有打开的窗口透明化，鼠标离开后即恢复原状；而当鼠标单击该按钮时，所有窗口全部最小化，显示整个桌面，再次单击鼠标，全部窗口还原

Windows 7 任务栏的结构有了全新的设计：任务栏图标去除了文字显示，完全用图标来说明一切；外观上，半透明的 Aero 效果结合不同的配色方案显得更美观；功能上，除保留能在不同程序窗口间切换外，加入了新的功能，使用更方便。

鼠标右击任务栏空白区域，选择快捷菜单中的"属性"命令，可以打开属性设置对话框，可以设定任务栏的显示方式，如图 3-7 所示。

对比以前的操作系统，Windows 7 任务栏将一个程序的多个窗口集中在一起并使用同一个图标来显示，当鼠标停留在任务栏的一个图标上时，将显示动态的应用程序小窗口，可以将鼠标移动到这些小窗口上面，来显示完整的应用程序界面，如图 3-8 所示。

图 3-7　任务栏属性设置

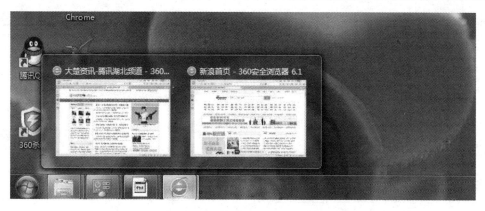

图 3-8　任务栏应用程序图标查看

Jump List 是 Windows 7 的一个全新功能,用户可以通过任务栏的右键快捷菜单来找到它的身影。通过该功能,可以方便地找到某个程序的常用操作,并根据程序的不同而显示不同的操作。右击一个任务栏的图标后,可以打开跳转列表(Jump List),如图 3-9 所示。用户还可以将该程序的一些常用操作锁定到 Jump List 的顶端,更方便查找程序。

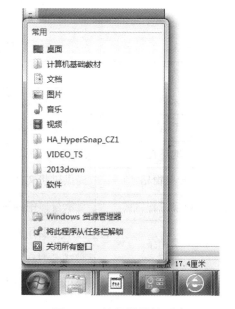

图 3-9　任务栏跳转列表

(2)常用的基本对象

① 窗口和对话框

窗口:当用户打开一个文件或运行一个程序时,系统会开启一个矩形方框,这就是 Windows 环境下的窗口。

对话框:是 Windows 系统的一种特殊窗口,是系统用于与用户进行"对话"的窗口。一般包含按钮和各种选项,通过它们可以完成特定命令或任务。

• 窗口的组成

窗口是 Windows 操作环境中最基本的对象,当用户打开文件、文件夹或启动某个程序时,都会以一个窗口的形式显示在屏幕上。虽然不同的窗口在内容和功能上会有所不同,但大多数窗口都具有很多的共同点和类似的操作。

Windows 7 中窗口可以分为两种类型:一种是文件夹窗口,另一种是应用程序窗口,如图 3-10 所示。窗口的基本操作主要有:打开和关闭窗口、调整窗口大小、移动窗口、排列窗口和切换窗口等。窗口的组成如表 3-3、图 3-11 所示。

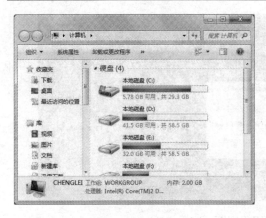

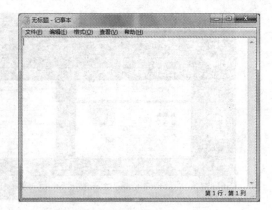

（a）文件夹窗口 　　　　　　　　（b）应用程序窗口

图 3-10　窗口

表 3-3 <center>**窗口的组成及其功能**</center>

名　称	功　能
标题栏	显示控制按钮和窗口名称
工具栏	提供了一些基本工具和菜单任务
地址栏	当前工作区域中对象所在位置，即路径
导航窗格	提供树状文件结构列表，从而方便用户迅速地定位所需目标
窗口工作区	显示窗口中的操作对象和操作结果
滚动条	为了帮助用户查看由于窗口过小而未显示的内容，一般位于窗口右侧或下侧，可以用鼠标拖动
细节窗格	显示当前窗口的状态及提示信息

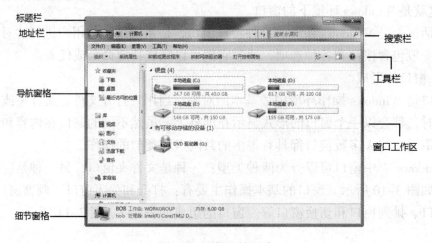

图 3-11　窗口的组成

Windows 7 加入了窗口的智能缩放功能，当用户使用鼠标将窗口拖动到显示器的边缘时，窗口即可最大化或平行排列，如图 3-12 所示。使用鼠标拖动并轻轻晃动窗口，即可隐藏当前不活动的窗口，再次用鼠标晃动窗口后，则会恢复原状。

图 3-12 窗口智能缩放

Windows 7 的窗口具备 Windows search 功能，如果知道自己要搜索的文件所在的目录，那么最简单的加速方法就是缩小搜索的范围，访问文件所在的目录，然后通过文件夹窗口当中的搜索框来完成。Windows 7 已经将搜索工具条集成到工具栏，不仅可以随时查找文件，还可以对任意文件夹进行搜索，如图 3-13 所示。

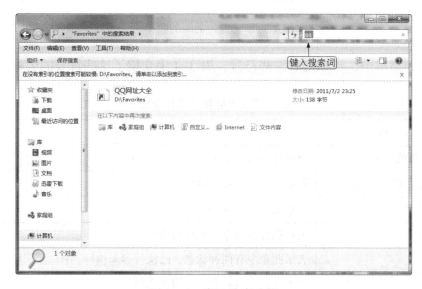

图 3-13 窗口搜索功能

- 对话框的组成

不同功能的对话框，在组成上也会不同。一般情况下对话框包含标题栏、选项卡、标签、命令按钮、下拉列表、单选框、复选框等。如图 3-14 所示为"文件夹选项"对话框。

② 菜单

菜单是将命令用列表的形式组织起来，当用户需要执行某种操作时，只要从中选择对应的命令项即可进行操作。

Windows 中的菜单有"开始"菜单、窗口控制菜单、应用程序菜单（下拉菜单）、右键快捷菜单。如图 3-15 所示。

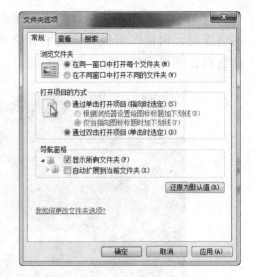

图 3-14　"文件夹选项"对话框

　　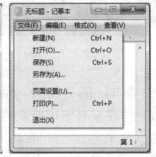　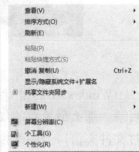

（a）开始菜单　　　（b）控制菜单　　　（c）应用程序菜单　　　（d）右键快捷菜单

图 3-15　各种类型的菜单

在命令菜单中，常标记有一些符号，表 3-4 中介绍了这些符号的名称及含义。

表 3-4　　　　　　　　　　　　命令菜单中的符号及其含义

名　称	功　能
灰色菜单	表示在当前状态下不能使用
命令后的快捷键	表示可以直接使用该快捷键执行命令
命令后的▶	表示该命令有下一层子菜单
命令后的…	表示执行该命令会弹出对话框
命令前的√	表示此命令有两种状态：已执行和未执行。有"√"标示，表示此命令已执行；否则，为未执行
命令前的●	表示在一组命令中，有"●"标示的命令当前被选中

2. Windows 7 系统设置

为了满足用户完成大量的日常工作，操作系统不仅需要为用户提供一个很好的交互界面和工作环境，还需要为用户提供方便的管理和使用操作系统的相关工具。Windows 7 操作系统为用户及各类应用提供的这些工具集中存放在"控制面板"中。通过控制面板，用户可以管理用户账户，添加／删除程序，设置系统属性，设置系统日期／时间，安装、管理和设置硬件设备等系统管理和系统设置的操作。

（1）启用控制面板

启用控制面板的方法有多种，常用的有：

① 单击"开始"菜单，单击"控制面板"。

② 打开"计算机"，在"菜单栏"下单击"打开控制面板"。

（2）控制面板的视图

Windows 7 "控制面板"视图如图 3-16 所示，点击"类别"按钮可以切换"控制面板"的显示方式。

图 3-16　控制面板视图

3. Windows 7 常用快捷键的使用

在 Windows 操作系统里，键盘快捷键的组合能完成一些很复杂的操作，在 Windows 7 里，新增了不少新的快捷键组合，如表 3-5 所示。

表 3–5   Windows 7 的常用快捷键功能

快 捷 键	功　能
Win+Tab	3D 切换窗口
Win+Pause/Break	弹出系统属性面板
Win++	放大屏幕显示
Win+–	缩小屏幕显示
Win+E	打开 Explore 资源浏览器
Win+R	打开运行窗口
Win+T	切换显示任务栏信息，再次按下则在任务栏切换
Win+Shift+T	后退
Win+U	打开易用性辅助设备
Win+P	打开多功能显示面板（切换显示器）
Win+D	切换桌面显示窗口或者 Gadgets 小工具
Win+F	查找
Win+L	锁定计算机
Win+X	打开计算机移动中心
Win+M	快速显示桌面
Win+Space	桌面窗口透明化显示
Win+↑	最大化当前窗口
Win+↓	还原/最小化当前窗口
Win+←	将当前窗口停靠在屏幕最左边
Win+→	将当前窗口停靠在屏幕最右边
Win+Shift +←	跳转到左边的显示器
Win+Shift +→	跳转到右边的显示器
Win+G	调出桌面小工具
Win+Home	最小化/还原所有其他窗口

任务实施

（1）个性化设置

① 更改桌面的背景

Windows 7 系统中，桌面的背景又称为"壁纸"，系统自带了多个桌面背景图片

36

供用户选择，更改背景的步骤如下：

步骤1 右击桌面空白处，在弹出的快捷菜单中单击"个性化"。

步骤2 在弹出的"个性化"窗口下方，单击"桌面背景"图标，如图3-17所示。

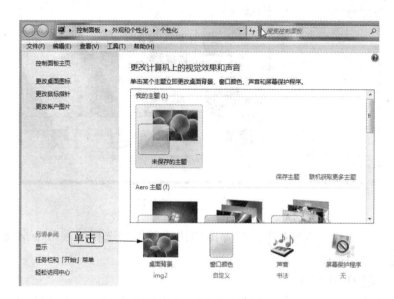

图3-17 更改桌面背景

步骤3 在"桌面背景"窗口，单击"全部清除"按钮，单击选中的图片，再单击"保存修改"即可。

○─── 经验提示

在"桌面背景"窗口，单击"全选"按钮或单击选定多个图片，在"更改图片时间间隔"下拉列表中选择一定的时间间隔，背景图片会以时间段进行切换。

② 桌面主题设置

桌面主题是图标、字体、颜色、声音和其他窗口元素的预定义的集合，它可使用户的桌面具有与众不同的外观。Windows 7提供了多种风格的主题，分别为"Areo主题"和"基本和高对比度主题"，"Areo主题"有3D渲染和半透明效果。用户可以根据需要切换不同主题。操作步骤如下：

步骤1 右击桌面空白处，在弹出的快捷菜单中选择"个性化"。

步骤2 如图3-18所示，在弹出的"个性化"窗口中，在"Areo主题"区域单击"自然"选项，主题选择完毕。

图 3-18 更改桌面背景

步骤 3 此时，在桌面右击，在弹出的快捷菜单中选择"下一个桌面背景"，即可更换主题的桌面墙纸。

③ 屏幕保护程序设置

屏幕保护是为了保护显示器而设计的一种专门的程序。屏幕保护主要有 3 个作用：保护显像管、保护个人隐私和省电。用户可以根据需要进行设置。操作步骤如下：

步骤 1 右击桌面空白处，在弹出的快捷菜单中选择"个性化"。

步骤 2 在弹出的"个性化"窗口中，单击"屏幕保护程序"，打开"屏幕保护程序设置"对话框，在下方"屏幕保护程序"的下拉列表中选择适合的保护程序，并在"等待"中设置屏幕保护的启动时间。如图 3-19 所示。

④ 外观设置

用户可以通过外观设置，根据自己的喜好选取窗口和按钮的样式、对应样式下的色彩方案，同时可以调整字体的大小等。操作步骤如下：

步骤 1 右击桌面空白处，在弹出的快捷菜单中选择"个性化"。

图 3-19 设置屏幕保护程序

步骤 2　在弹出的"个性化"窗口下方，单击"窗口颜色"图标，打开"窗口颜色和外观"窗口，在"更改窗口颜色、'开始'菜单和任务栏的颜色"、"颜色浓度"、"高级外观设置"等位置选择适合的样式。如图 3-20 所示。

图 3-20　更改桌面外观设置

步骤 3　单击"保存修改"按钮，即可完成外观设置。

⑤ 分辨率的设置

屏幕分辨率指显示器所能显示的像素的多少。由于屏幕上的点、线和面都是由像素组成的，显示器可显示的像素越多，画面就越精细，同样地，屏幕区域内能显示的信息也越多。用户可以根据需要进行设置。操作步骤如下：

步骤 1　右击桌面空白处，在弹出的快捷菜单中选择"屏幕分辨率"。

步骤 2　在"分辨率"下拉列表中，用鼠标拖动来修改分辨率。如图 3-21 所示。

图 3-21　分辨率的设置

步骤3　单击"应用"按钮，自动预览后，即可完成分辨率设置。

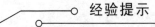 经验提示

单击"高级设置"按钮，在打开的对话框中选择"监视器"选项卡，可以设置刷新频率。一般人的眼睛不容易察觉 75 Hz 以上刷新频率带来的闪烁感，因此最好能将屏幕刷新频率调到 75 Hz 以上。

（2）**系统设置**

① 用户账户设置

在 Windows 7 系统中，有 3 种用户类型：计算机管理员账户、标准用户账户和来宾账户。计算机管理员账户拥有最高权限，允许更改所有的计算机设置；标准用户账户只允许用户更改基本设置；来宾账户无权更改设置。

要创建新用户，必须以管理员的身份登录。操作步骤如下：

• 创建账户

步骤1　打开"控制面板"窗口，选择"添加或删除用户账户"。

步骤2　在"管理账户"窗口，单击"创建一个新账户"，如图 3-22 所示。

图 3-22　"管理账户"窗口

步骤3　在"创建新账户"窗口，依次设定"账户名称"、"账户类型"。最后单击"创建账户"按钮，即可完成新账户的创建，如图 3-23 所示。

• 更改账户属性

步骤1　打开"控制面板"窗口，单击"用户账户和家庭安全"图标。

步骤2　在"管理账户"窗口，选择一个账户。

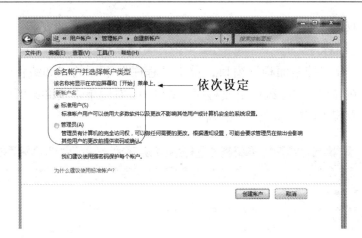

图 3-23　"创建新账户"窗口

步骤 3　在"更改账户"窗口，可根据需要更改账户名称、账户图片、账户类型，创建账户密码，更改账户密码和删除账户，设置家长控制等，如图 3-24 所示，在弹出的设置窗口，根据提示完成修改。

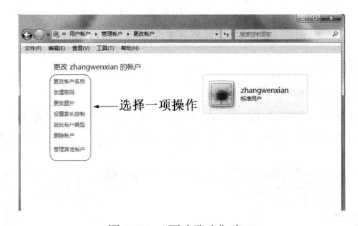

图 3-24　"更改账户"窗口

○─── 经验提示

　　若需要删除的用户是唯一的计算机管理员账户，那么必须创建一个新的管理员账户才可以删除。

② 添加/删除程序

· 安装应用程序

步骤 1　下载需要安装的应用程序，在安装包中，找到安装文件（扩展名为.exe 的文件），一般为 setup.exe 或 install.exe。

步骤 2 双击安装文件，根据安装向导，完成应用程序的安装。

- 卸载应用程序

步骤 1 打开"控制面板"窗口，单击"程序"下面的"卸载程序"。

步骤 2 在弹出的"卸载或更改程序"窗口中，右键单击要卸载的应用程序名称，根据提示完成卸载操作。如图 3-25 所示。

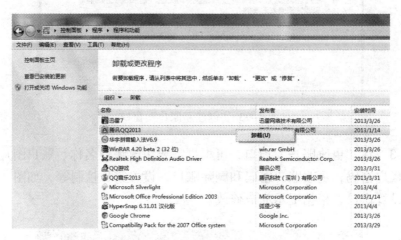

图 3-25 "卸载或更改程序"窗口

③ 计算机系统属性的设置

- 更改计算机名称

步骤 1 右击"计算机"图标，在弹出的快捷菜单中选择"属性"。

步骤 2 在弹出的"系统"窗口，单击"更改设置"按钮。如图 3-26 所示。

图 3-26 "系统"窗口

步骤3 在弹出的"系统属性"对话框中，单击"更改"按钮。如图 3-27 所示。

步骤4 在弹出的"计算机名/域更改"对话框中，输入新的计算机名称，也可以在此窗口更改计算机工作组和域名。如图 3-28 所示。

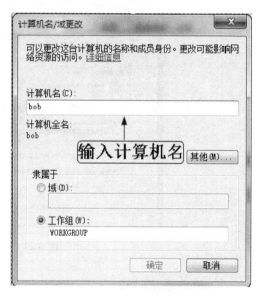

图 3-27 "系统属性"对话框　　　　　　图 3-28 "计算机名/域更改"对话框

* 设置自动更新

步骤1 打开"控制面板"窗口，单击"系统和安全"。

步骤2 在"系统和安全"窗口，在"Windows Update"下面单击"启用或禁用自动更新"。如图 3-29 所示。

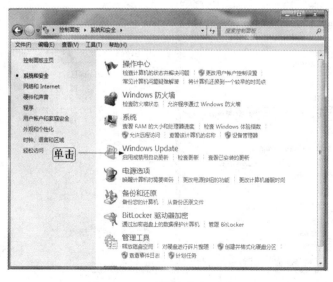

图 3-29 "系统和安全"窗口

步骤 3 在打开的窗口中，选择自动更新的方式。如图 3-30 所示。

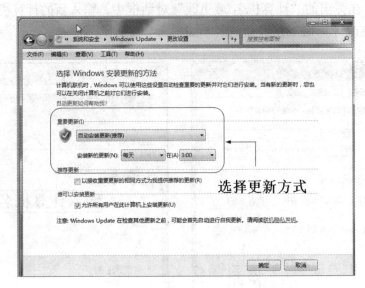

图 3-30 设置自动更新

④ 修改系统时间

步骤 1 单击任务栏中的日期、时间显示区域，打开日期、时间显示框，单击"更改日期和时间设置"。

步骤 2 在弹出的"日期和时间"对话框中，单击"更改日期和时间"。如图 3-31 所示。

步骤 3 在弹出"日期和时间设置"对话框中完成系统时间的修改。如图 3-32 所示。

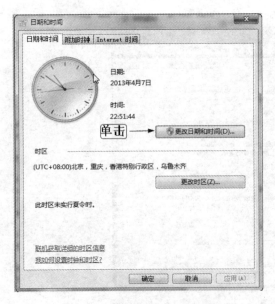

图 3-31 "日期和时间"对话框

图 3-32 设置日期和时间

⑤ 安装打印机

在 Windows 7 系统下安装打印机，可以使用控制面板的添加打印机向导，来引导用户按照步骤安装合适的打印机，用户可以通过光盘或联网下载获得驱动程序；用户还可选择在 Windows 7 系统下自带的相应型号的打印机驱动程序来安装打印机。

步骤 1　关闭计算机，通过数据线将计算机与打印机连接起来。

步骤 2　打开"控制面板"窗口，在"硬件和声音"下面单击"查看设备和打印机"。

步骤 3　如图 3-33，单击"添加打印机"，按照弹出的"添加打印机向导"完成打印机的安装。

图 3-33　添加打印机

⑥ 硬件设备管理

· 查看硬件信息

方法 1：右击"计算机"图标，在弹出的快捷菜单中选择"属性"；在弹出的"系统属性"窗口中，单击"硬件"选项卡中的"设备管理器"按钮，即可查看硬件信息。如图 3-34 所示。

方法 2：打开"控制面板"，单击"硬件和声音"，在弹出的"硬件和声音"窗口中单击"设备和打印机"下面的"设备管理器"，即可查看硬件信息。

图 3-34　"设备管理器"窗口

• 更改硬件驱动

假设需要更改显卡驱动，操作方法如下：

步骤 1　依照上面描述的方法，打开"设备管理器"窗口。

步骤 2　单击列表中的"显示适配器"，右键单击下方内容，选择快捷菜单中的"属性"。

步骤 3　在弹出的属性对话框中，单击"驱动程序"选项卡，在此处单击需要完成的操作，根据提示进行即可。如图 3-35 所示。

图 3-35　更改驱动程序

 任务 3.2　操作系统的资源管理

任务描述

Windows 操作系统包括两部分资源：文件与磁盘。用户对计算机的操作也是通过操作和管理这两部分来实现的，为了用户方便及提高工作效率，本任务主要学习文件、文件夹和磁盘的管理，使用户能有效地管理这些资源。

知识准备

1. 文件及文件夹管理

（1）文件的基本知识

① 文件的概念

计算机中所有的信息（包括文字、数字、图形、图像、声音和视频等）都是以文件形式存放的。文件是一组相关信息的集合，是数据组织的最小单位。

② 文件的命名

每个文件都有文件名，文件名是文件的唯一标记，是存取文件的依据。

文件的命名规则如下：

• 在 Windows 7 系统中，文件的名字由文件名和扩展名组成。格式为"文件名.文件扩展名"。

- 文件名最长可以包含 255 个字符。
- 文件名可以由 26 个英文字母、0~9 的数字和一些特殊符号等，可以有空格、下画线，但禁止使用/、\、:、*、?、"、<、>、| 9 个字符；文件名也可以用任意中文命名。
- 文件扩展名一般由多个字符组成，标示了文件的类型，扩展名不可以随意修改，否则系统将无法识别。

通配符用在文件名中可以表示一个或一组文件名的符号。文件通配符有如下两种：

- "?" 为单位通配符，表示在该位置可以是一个任意合法字符。
- "*" 为多位通配符，表示在该位置可以是若干个任意合法字符。

③ 文件的类型

文件的类型由文件的扩展名标示，系统对于扩展名与文件类型有特殊的约定，常见的扩展名及其含义如表 3-6 所示。

表 3-6　　　　　　　　　　　常见文件类型与其扩展名对照表

扩展名	文件类型	扩展名	文件类型	扩展名	文件类型
*.asc	ASCII 码文件	*.gif	图形文件	*.png	图形文件
*.avi	动画文件	*.hlp	帮助文件	*.png	图形文件
*.bak	备份文件	*.htm	超文本文件	*.ppt	PowerPoint 演示文稿文件
*.bat	批处理文件	*.html	超文本文件	*.reg	注册表的备份文件
*.bin	Dos 的二进制文件	*.ico	Windows 的图标文件	*.scr	Windows 屏幕保护程序
*.bmp	位图文件	*.ini	系统配置文件	*.sys	系统文件
*.c	C 语言程序	*.jpg	压缩规格的图形文件	*.tmp	临时文件
*.cpp	C++语言程序	*.lib	编程语言中库文件	*.txt	文本文件
*.dll	Windows 动态链接库	*.mbd	Access 的表格文件	*.wav	声音文件
*.doc	Word 文档	*.midi	音频文件	*.wps	Wps 文件,记录文本,表格
*.drv	驱动程序文件	*.mp3	声音文件	*.wma	Windows 媒体文件
*.exe	可执行文件	*.mpeg	vcd 视频文件	*.xls	Excel 的表格文件
fon	字库文件	*.obj	编程语言中目标文件 (Object)	*.zip	压缩文件

④ 文件的特性

唯一性：文件的名称具有唯一性，即在同一文件夹下不允许有同名的文件存在。

可移动性：文件可以根据需要移动到硬盘的任何分区，也可通过复制或剪切移动到其他移动设备中。

可修改性：文件可以增加或减少内容，也可以删除。

⑤ 文件的属性

文件的属性信息，如图 3-36 所示。在文件属性"常规"选项卡中包含：文件名、文件类型、文件打开方式、存储位置、文件大小、占用空间、创建、修改及访问的时间等。文件属性有三种：只读、隐藏、存档。

只读：文件只可以做读的操作，不能对文件进行写的操作，就是文件的写保护。

存档：用来标记文件改动的，即在上一次备份后文件有所改动，一些备份软件在备份的时候会只去备份带有存档属性的文件。

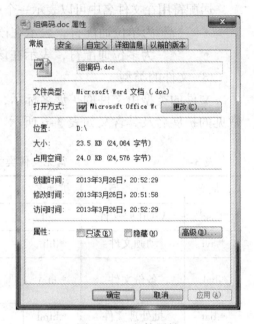

图 3-36　文件属性

隐藏：即为隐藏文件，是为了保护某些文件或文件夹可以将其设为"隐藏"，设置后，该对象默认情况下将不会显示在所储存的对应位置，即被隐藏起来了。

（2）**文件夹的基本知识**

文件夹是用来组织和管理磁盘文件的一种数据结构；是计算机磁盘空间里面为了分类储存文件而建立独立路径的目录，它提供了指向对应磁盘空间的路径地址。

① 文件夹的结构。

文件夹一般采用多层次结构（树状结构），在这种结构中每一个磁盘有一个根文件夹，它包含若干文件和文件夹。文件夹不但可以包含文件，而且可包含下一级文件夹，这样类推下去形成的多级文件架结构既帮助了用户将不同类型和功能的文件分类储存，又方便文件查找，还允许不同文件夹中文件拥有同样的文件名。

② 路径。

用户在磁盘上寻找文件时，所历经的文件夹线路叫路径。路径分为绝对路径和相对路径。

绝对路径：从根文件夹开始的路径，以"\"作为开始。

相对路径：从当前文件夹开始的路径。

2. 磁盘管理

磁盘是计算机的重要组成部分，存储数据信息的载体，计算机中的所有文件以及所安装的操作系统、应用程序都保存在磁盘上。

Windows 7 系统提供了强大的磁盘管理功能，用户可以利用这些功能，更加快键、方便、有效地管理计算机的磁盘存储器，提高计算机的运行速度。磁盘管理常涉及的操作包括：磁盘格式化、磁盘清理和磁盘碎片整理等。

（1）*磁盘格式化*

磁盘格式化是将磁盘的所有数据区上写零的操作过程，格式化是一种纯物理操作，同时对硬盘介质做一致性检测，并且标记出不可读和坏的扇区。由于大部分磁盘在出厂时已经格式化过，所以只有在磁盘产生错误时才需要进行格式化。

（2）*磁盘清理*

磁盘清理程序将搜索用户的驱动器，列出临时文件、Internet 缓存文件和可以安全删除的不需要的程序文件等，用户可以根据需要清理这些文件，以实现释放磁盘驱动器空间的目的。

（3）*磁盘碎片整理*

磁盘碎片整理是通过系统软件或者专业的磁盘碎片整理软件对电脑磁盘在长期使用过程中产生的碎片和凌乱文件重新整理，释放出更多的磁盘空间，可提高电脑的整体性能和运行速度。

（任务实施）

（1）*文件及文件夹管理*

① 选定文件及文件夹

· 选定单个对象

选择单一文件或文件夹只需用鼠标单击选定对象即可。

· 选定多个对象

选定多个连续对象：

步骤 1　单击第一个要选择的对象。

步骤 2　按住 Shift 键不放，用鼠标单击最后一个要选择的对象，即可选择多个连续对象。如图 3-37 所示。

选定多个非连续对象：

步骤 1　单击第一个要选择的对象。

步骤 2　按住 Ctrl 键不放，用鼠标依次单击要选择的对象，即可选择多个非连续对象。如图 3-38 所示。

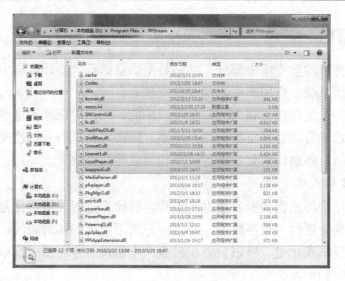

图 3-37 选定连续对象

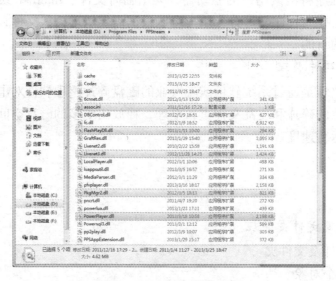

图 3-38 选定非连续对象

选定全部对象：可以使用快捷键 Ctrl+A 选择全部文件或文件夹。

② 新建文件或文件夹

在 C 盘根目录下建立文件夹，在此文件夹下方建立文本文件。

步骤 1 双击打开"计算机"。

步骤 2 双击 C 盘图标，进入 C 盘根目录。

步骤 3 右击 C 盘根目录空白处，在弹出的快捷菜单中选择"新建"命令，单击"文件夹"，此时在 C 盘根目录下就建立了一个名为"新建文件夹"的文件夹。

步骤 4 双击进入"新建文件夹"，右击"新建文件夹"窗口空白处，在弹出的快捷菜单中选择"新建"命令，单击"文本文档"，此时在"新建文件夹"下方就建立了一个名为"新建 文本文档.txt"的文本文件。

○── 经验提示

　　在建立文件或文件夹时，一定要认清保存文件或文件夹的位置，以便今后查阅。

③ 重命名文件或文件夹

• 显示扩展名

默认情况下，Windows 系统会隐藏文件的扩展名，以保护文件的类型。特殊情况下，用户可能会需要查看其扩展名，此时我们就进行相关设置，使扩展名显示出来。操作步骤如下：

步骤 1 在"计算机"窗口的菜单栏，选择"工具"菜单中的"文件夹选项"。

步骤 2 在弹出的"文件夹选项"对话框中，选择"查看"选项卡，在"高级设置"的列表中，取消勾选"隐藏已知文件类型的扩展名"复选框，如图 3–39 所示，单击"确定"按钮，即可实现显示文件扩展名。

• 重命名

将 C 盘根目录下的"新建文件夹"命名为"stu"；将其中的"新建 文本文档.txt"命名为"file.txt"。

步骤 1 双击打开"计算机"，双击进入"C 盘"根目录。

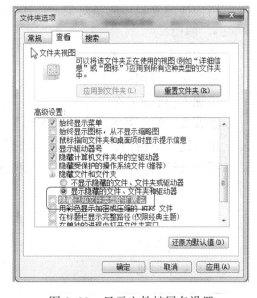

图 3–39　显示文件扩展名设置

步骤 2 右击"新建文件夹"，选择"重命名"，在文件名输入框中将其更名为"stu"。

步骤 3 右击空白处，单击"新建 文本文档.txt"，选择"重命名"，在文件名输入框中将其更名为"file.txt"。

○── 经验提示

　　为文件或文件夹命名时，要选取有意义的名字，做到见名知意。修改文件名称时要保留文件扩展名，否则会导致系统无法正常打开该文件。

④ 复制和剪切

复制和剪切对象都可以实现移动对象，区别在于：

复制对象是将一个对象从一个位置移到另一个位置，操作完成后，原位置对象保留，即一个对象变成两个对象放在不同位置。

剪切对象是将一个对象从一个位置移到另一个位置，操作完成后，原位置没有该对象。

- 复制

复制的方法有三种：

用菜单栏复制：

步骤 1　选择对象

步骤 2　单击菜单栏中的"编辑" 菜单，选择"复制"即可。

用快捷菜单复制：右击对象，选择"复制"，即可实现复制对象。

用快捷键复制：选择对象，使用快捷键"Ctrl+C"来实现复制。

- 剪切

剪切的方法有三种：

用菜单栏剪切：

步骤 1　选择对象。

步骤 2　单击菜单栏中的"编辑" 菜单，选择"剪切"即可。

用快捷菜单剪切：右击对象，选择"剪切"，即可实现复制对象。

用快捷键剪切：选择对象，使用快捷键"Ctrl+X"来实现复制。

○── 经验提示

复制或剪切完对象后，接着需要完成的是粘贴的操作，可以使用快捷键 Ctrl+V 来实现。

⑤ 删除文件或文件夹

步骤 1　选择要删除的对象。

步骤 2　右击对象，选择"删除"，即可实现删除对象。

步骤 3　若用户找回文件，可通过回收站来还原文件。

○── 经验提示

删除时还可使用快捷键 Delete 或 Shift+Delete。Delete 表示临时删除，删除的对象可从回收站还原。Shift+Delete 表示不经过回收站彻底删除。

⑥ 修改文件属性

将 C 盘根目录下 file.txt 文件属性更改为"只读"。

步骤 1 右击"C:\stu\file.txt",在弹出的快捷菜单中选择"属性"。

步骤 2 在弹出的"file.txt 属性"对话框中,选中"只读"复选框。

⑦ 创建快捷方式

在桌面上创建 C 盘根目录下 file.txt 文件的快捷方式。步骤如下:

右击"C:\stu\file.txt",在弹出的快捷菜单中选择"发送到",单击"桌面快捷方式"。

○─────○ 经验提示

　　快捷方式仅仅记录文件所在路径,当路径所指向的文件更名、被删除或更改位置时,快捷方式不可使用。

⑧ 查找文件或文件夹

Windows 7 的搜索功能强大,搜索的方式主要有两种,一种是用"开始"菜单中的"搜索"文本框进行搜索;另一种是使用 "计算机"窗口的"搜索"文本框进行搜索。

在计算机中查找文件名为三个字符的文本文件。

步骤 1 点击"开始"菜单,单击"搜索"。

步骤 2 在弹出的"搜索"窗口中输入"???.txt",如图 3-40 所示。

步骤 3 单击"搜索"按钮,即可完成查找操作。

如果想在某文件夹下搜索文件,应该首先进入该文件夹,在搜索框中输入关键字即可。在窗口搜索框内还有"添加搜索筛选器"选项,可以提高搜索精度,"库"窗口的"添加搜索筛选器"最全面。

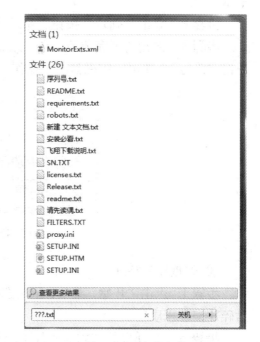

图 3-40　搜索文件

（2）**磁盘管理**

① 磁盘格式化

步骤 1 右击要格式化的磁盘,在弹出的快捷菜单中选择"格式化"。

步骤 2　在弹出的"格式化"对话框中，选择"文件系统"类型，输入该卷名称。如图 3-37 所示。

步骤 3　单击"开始"按钮，即可格式化该磁盘。如图 3-41 所示。

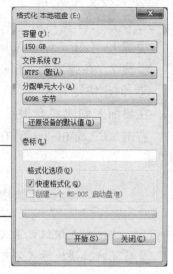

○ 经验提示

Windows 7 系统默认 NTFS 格式的文件系统。

② 磁盘清理

步骤 1　点击"开始"菜单，依次选择"程序"、"附件"、"系统工具"，单击"磁盘清理"。

图 3-41　磁盘格式化

步骤 2　在弹出的"选择驱动器"对话框中，选择待清理的驱动器。如图 3-42 所示。

步骤 3　单击"确定"按钮，系统自动进行磁盘清理操作。

步骤 4　磁盘清理完成后，在"磁盘清理"结果对话框中，勾选要删除的文件，单击"确定"，即可完成磁盘清理操作。

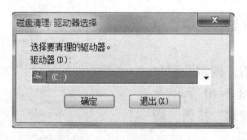

图 3-42　磁盘清理

③ 磁盘碎片整理

步骤 1　点击"开始"菜单，依次选择"程序"、"附件"、"系统工具"，单击"磁盘碎片整理程序"。

步骤 2　在弹出的"磁盘碎片整理程序"对话框中，选择待整理的驱动器。如图 3-43 所示。

步骤 3　单击"分析"按钮，系统将分析磁盘的碎片。

步骤 4　碎片分析完后，若需要整理，则单击"碎片整理"按钮；否则，"关闭"即可。

图 3-43　磁盘清理

1. Windows 10 系统应用界面

Windows 10 桌面如图 3-44 所示。

图 3-44　Windows 10 桌面图示

2. Windows 10 系统应用特点

（1）更快速

Windows 10 大幅提高了 Windows 的启动速度，系统加载时间一般不超过 20 秒，开机速度相比其他版本的 Windows 系统提升了约 28%，更加安全可靠！

（2）更普遍

据不完全统计，全球已有 2 亿以上用户选择使用 Windows 10 操作系统，Windows 10 操作系统早已成为游戏、办公、休闲的重要选择！

（3）更简单

Windows 10 让搜索和使用信息更加简单，包括本地、网络和互联网搜索功能，直观的用户体验更加高级，还会整合自动化应用程序提交和交叉程序数据透明性。

（4）更安全

Windows 10 操作系统改进了基于角色的计算方案和用户账户管理，在数据保护和坚固协作的固有冲突之间搭建沟通桥梁，同时也会开启企业级的数据保护和权限许可。

3. 注册表及其结构

（1）注册表简介

① 注册表定义

注册表（Registry）是 Microsoft Windows 中的一个重要的数据库，该数据库包含计算机中每个用户的配置文件、有关系统硬件的信息、安装的程序及属性设置。Windows 在操作过程中不断地引用这些信息。

② 注册表编辑器

注册表编辑器是用来查看和更改系统注册表设置的高级工具，注册表中包含了有关计算机如何运行的信息。Windows 将它的配置信息存储在以树状格式组织的数据库（即注册表）中。

（2）启动注册表编辑器

单击"开始"菜单，在"运行"中输入 regedit，弹出注册表编辑器，如图 3–44 所示。

（3）注册表结构

注册表是按照子树、子树的项、子项和值项的层次结构组织的。由于每台计算机上安装的设备、服务和程序有所不同，因此一台计算机上的注册表内容可能与另一台有很大不同。

① 注册表子树

在本地计算机上访问注册表时，共显示 5 个子树；访问远程计算机的注册表时，只显示两个子树：HKEY_USERS 和 HKEY_LOCAL_MACHINE。表 3–7 列出了注册表子树名称及其内容。

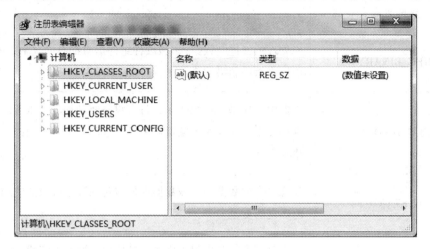

图 3-45　注册表编辑器

表 3-7 注册表子树

子　树	说　明
HKEY_CURRENT_USER	包含当前登录用户的配置信息的根目录；用户文件夹、屏幕颜色和"控制面板"设置存储在此处；该信息被称为用户配置文件
HKEY_USERS	包含计算机上所有用户的配置文件的根目录；HKEY_CURRENT_USER 是 HKEY_USERS 的子项
HKEY_LOCAL_MACHINE	包含针对该计算机（对于任何用户）的配置信息
HKEY_CLASSES_ROOT	是 HKEY_LOCAL_MACHINE\Software 的子项；此处存储的信息可以确保当使用 Windows 资源管理器打开文件时，将打开正确的程序
HKEY_CURRENT_CONFIG	包含本地计算机在系统启动时所用的硬件配置文件信息

② 注册表数据类型

表 3-8 列出了子树中由系统定义和使用的数据类型。

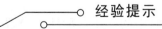 经验提示

　　编辑注册表不当可能会严重损坏你的系统。更改注册表之前，请务必备份计算机上的所有有用的数据。

表 3-8　　　　　　　　　　　　数 据 类 型

数据类型	说　　明
REG_BINARY	未处理的二进制数据；多数硬件组件信息都以二进制数据存储，而以十六进制格式显示在注册表编辑器中
REG_DWORD	数据由 4 字节长的数表示；许多设备驱动程序和服务的参数是这种类型并在注册表编辑器中以二进制、十六进制或十进制的格式显示
REG_E7AND_SZ	长度可变的数据串；该数据类型包含在程序或服务使用该数据时确定的变量
REG_MULTI_SZ	多重字符串；其中包含格式可被用户读取的列表或多值的值通常为该类型；项用空格、逗号或其他标记分开
REG_SZ	固定长度的文本串
REG_FULL_RESOURCE_DESCRIPTOR	设计用来存储硬件元件或驱动程序的资源列表的一列嵌套数组

4. 组策略简介

（1）组策略简介

组策略是 Windows 系统管理员针对整个计算机进行多种配置的工具，可以使用"组策略"来定义和控制程序、网络资源和操作系统针对组织中的用户和计算机是如何行动的。

组策略包含计算机配置和用户配置。

① 计算机配置

任何用户登录到计算机，管理员都可使用组策略中的"计算机配置"设置应用于计算机的策略。

计算机配置通常包括软件设置、Windows 设置和管理模板。

② 用户配置

用户登录任一台计算机，管理员都可使用组策略中的"用户配置"设置适用于用户的策略。

用户配置通常包括软件设置、Windows 设置和管理模板。

无论是计算机配置还是用户配置，由于组策略可向它们添加或删除管理单元扩展组件，因此所显示的子项的确切数目可能有所不同。

（2）启动组策略

单击"开始"菜单，在"运行"中输入 gpedit.msc。如图 3-46 所示。

图 3-46　组策略

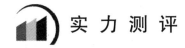

实 力 测 评

测评目的：

进一步熟悉 Windows 7 系统的工作环境，并能在该环境下管理好各类资源。

测评要求：

① 将计算机名更改为自己的姓名；

② 在"画图"程序中创建个性化图片，并将该图片设定为桌面背景；

③ 将 Windows 显示的"色彩方案"设定为"银色"；

④ 在计算机中查找所有以字母 t 开头的帮助文档（提示：帮助文档的扩展名为 hlp）；

⑤ 在桌面上创建名为"专业班级+姓名"的文件夹，将④中查找出的帮助文档拷贝至该文件夹中；

⑥ 查看各个分区的使用情况，对 C 盘进行磁盘清理，对 D 盘进行碎片整理。

第三部分 计算机网络应用

计算机网络，就是将多个具有独立工作能力的计算机系统通过通信设备和线路连接在一起，然后由功能完善的网络软件实现资源共享和数据通信的系统。它的功能主要表现在两个方面：一是实现资源共享（包括硬件资源和软件资源的共享）；二是在用户之间交换信息。

计算机网络是计算机技术和通信技术相结合的产物，始于 20 世纪 50 年代，近20 年来得到迅猛发展，在信息社会中起着举足轻重的作用。特别是 Internet 的出现极大地推动了计算机网络技术的发展，Internet 是由许多小的网络以各种通信方式（如双绞线、微波、卫星等）互联而成的一个逻辑网（如图 4-1 所示），以相互交流信息资源为目的，全球以 Internet 为核心的高速计算机互联网络已形成。在 Internet上发布的商业、学术、政府、企业等信息，以及新闻和娱乐的内容和节目，正悄悄改变着人们的工作和生活的方式。

当前，计算机网络发展的基本方向是开放、集成、高速、移动、智能以及分布式多媒体应用。在中国正在推行的"三网合一"，即将目前广泛使用的通信网络（如公共电话网）、计算机网络和有线电视网络通过技术改造，其技术功能趋于一致，业务范围趋于相同，使网络互联互通、资源共享。

图 4-1 Inernet 互联网络

项目4　网络配置与应用

计算机网络规模可大可小，大到世界范围内的因特网（Internet），小到只有几台计算机组成的局域网，无论何种类型的网络，它们都具有共享资源、提高可靠性、分担负荷、实现实时管理等特性。局域网作为网络的组成部分，发挥了不可忽视的作用。

 任务 4.1　网络连接与配置

任务描述

小型办公局域网或家庭局域网是小范围的几台计算机构成的小型网络，这种网络在日常生活中随处可见，配置起来也相对容易。本任务将在办公室现有小型局域网的基础上，在操作系统中进行网络设置和测试，以便今后能实现局域网内的文件共享和信息交流。

知识准备

1. 局域网的组成

局域网一般由通信主体、网络设备以及网络协议三部分组成。

（1）通信主体

网络中至少有两台具有独立操作系统的计算机，且相互间有共享的资源部分。

（2）网络设备

计算机之间要有通信手段将其互连，包括传输介质和网络连接设备。

① 传输介质

传输介质用来传送计算机网络中的数据。常用的有线传输介质有：双绞线、同轴电缆和光纤（如图 4-2 所示），另外还有技术先进的无线传送技术：微波、红外线和卫星等。

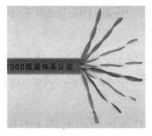
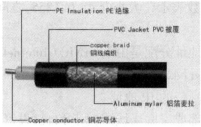

双绞线　　　　　　　　　　同轴电缆　　　　　　　　　　光纤

图 4-2　有线传输介质

② 网络连接设备

为了扩大网络的规模，需要用网络适配器（网卡）、交换机、集线器和路由器等网络连接设备，将地理上分散布置的服务器、工作站和其他可共享设备连接在一起。其中交换机是组成简单局域网的常用设备（如图 4-3 所示）。

图 4-3　交换机

（3）网络协议

由于不同厂家生产的不同类型的计算机，其操作系统、信息表示方法等都存在差异，它们的通信就需要遵循共同的规则和约定，正如不同语种的人们进行对话时一样，它们之间需要一种标准语言才能沟通。在计算机网络中需要共同遵守的规则和约定被称为网络协议，由它解释、协调和管理计算机之间的通信和相互间的操作。

2. 设置 TCP/IP 网络协议

（1）IP 地址和子网掩码简介

在局域网中，最常用的网络协议是 TCP/IP。Microsoft 的联网方案使用了 TCP/IP 协议，在目前流行的 Windows 版本中都内置了该协议，而且在 Windows 7 中是自动安装的。

IP 地址和子网掩码是 TCP/IP 网络中的重要概念，它们的共同作用是标识网络中不同的计算机及识别计算机正在使用的网络。

① IP 地址

基于 TCP/IP 协议网络中的每一台计算机都必须以某种方式唯一地标志，IP 地址就是用于区分不同计算机的数字标志。

作为统一的地址格式，IP 地址由 32 位二进制数组成，并按 8 位一组分成 4 组。由于二进制数使用和记忆都不方便，所以通常使用"点分十进制"方式表示 IP 地址。

即把每部分用相应的十进制数表示，大小介于 0～255 之间，例如 192.168.0.1 和 202.103.24.68 等都是 IP 地址。

实际上 Internet 中的 IP 地址分配是由 InterNIC（Internet 网络信息中心）统筹管理的，如果要建立一个 Internet 网站，则必须先向 ISP（Internet Service Provider，Internet 服务提供商）申请一个全球唯一的 IP 地址。

如果建立的只是公司内部或家庭局域网，则可自己设置 IP 地址而不必向 ISP 申请。设置时 IP 地址的第 1 个数只能介于 1～223 之间，且不能为 127。

② 子网掩码

子网掩码的作用是和 IP 地址结合，识别计算机正在使用的网络。一个 IP 地址实际上由网络号和主机号两部分组成，为了快速确定 IP 地址的代表网络号和主机号的部分，以判断两个 IP 地址是否属于同一网络，就产生了子网掩码的概念。

用子网掩码判断 IP 地址的网络号与主机号的方法，是用其与相应的子网掩码进行"与"运算，取得子网掩码为 1 的 IP 地址的位，即为网络号，其余的部分就是主机号。

例如，主机 A 的 IP 地址为 192.168.1.101，子网掩码为 255.255.255.0，则获得网络号的方法如下：

192.168.1.101	11000000	10101000	00000001	01100101
255.255.255.0	11111111	11111111	11111111	00000000
"与"运算结果	11000000	10101000	00000001	00000000

即获得的网络号为 192.168.1，而主机号为 101。

（2）设置 IP 地址和子网掩码

① 在桌面上右击"网络"图标，在右键菜单中选择"属性"命令，打开"网络和共享中心"窗口，如图 4-4 所示。

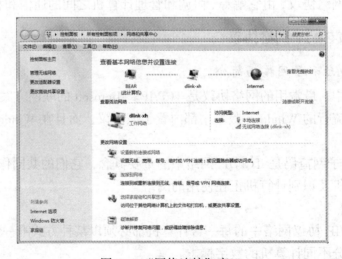

图 4-4 "网络连接"窗口

② 单击窗口左侧的"更改适配器设置"后，右击窗口中的"本地连接"图标，从

弹出的右键菜单中选择"属性"命令，打开"本地连接属性"对话框，如图 4-5 所示。

③ 双击列表中的"Internet 协议版本 4（TCP/Ipv4）"项目，打开"Internet 协议版本 4（TCP/Ipv4）属性"对话框。选中"使用下面的 IP 地址"单选按钮，并在"IP 地址"文本框中输入 192.168.0.1，单击"子网掩码"文本框，将自动输入 255.255.255.0，如图 4-6 所示。

图 4-5　"本地连接属性"对话框　　图 4-6　"Internet 协议版本 4（TCP/Ipv4）属性"对话框

④ 依次单击"确定"按钮，即完成设置。

（3）设置计算机标志

计算机标志是 Windows 在网络上识别计算机身份的信息，包括计算机名、所属工作组和计算机说明，设置步骤如下：

① 在桌面上右击"计算机"图标，在右键菜单中选择"属性"命令，打开"系统"窗口。如图 4-7 所示。

图 4-7　"系统"窗口

②　单击"更改设置"按钮，打开"系统属性"对话框。如图 4-8 所示。"计算机描述"文本框中输入信息帮助网络上的其他用户识别，也可以不输入内容。

③　单击"更改"按钮，打开"计算机名/域更改"对话框，在"计算机名"文本框中输入该计算机的名称，在"工作组"文本框中输入所属工作组的名称，如图 4-9 所示。

图 4-8　"系统属性"对话框

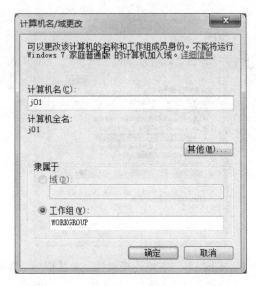
图 4-9　"计算机名/域更改"对话框

④　依次单击"确定"按钮，最后弹出"计算机名/域更改"对话框，如图 4-10 所示，单击"确定"按钮则重启计算机。

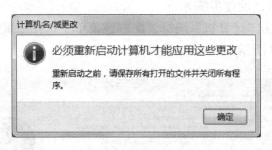
图 4-10　"计算机名/域更改"对话框

3. 测试网络连接

网络连接和设置完成之后，还需要检测是否连通，Windows 操作系统内置了多个网络测试命令，最常用的有 ping、ipconfig 等。

在 Windows 图形界面中要运行命令可以有两种方法：

方法一：选择"开始"→"运行"，在弹出的"运行"对话框中输入"cmd"，单击"确定"按钮（如图 4-11 所示），在打开的命令窗口中键入命令。

图 4-11　运行菜单及对话框

方法二：选择"开始"→"所有程序"→"附件"→"命令提示符"，在弹出的"命令提示符"窗口中键入命令。

（1）ping **命令**

① ping 命令格式

ping 命令主要用来测试 TCP/IP 网络，包括多台计算机组成的局域网及 Internet 等，其格式如下：

ping 目的地址/参数 1/参数 2……

目的地址：被测计算机的 IP 地址或计算机名。

参数：执行 ping 　/? 命令可查看 ping 的所有参数。

② 网络测试

• 测试成功

运行 ping 命令测试与其他计算机的连通，将传送 4 个测试数据包，对方计算机收到后会返回 4 个数据包，如图 4-12 所示。

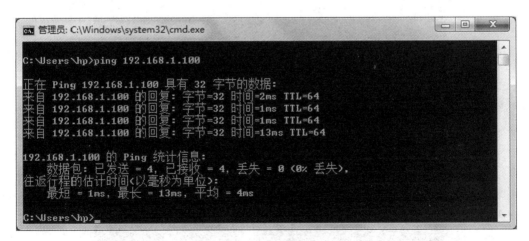

图 4-12　ping 命令测试成功

• 测试失败

如果网络未连通，则返回如图 4-13 所示的失败信息。

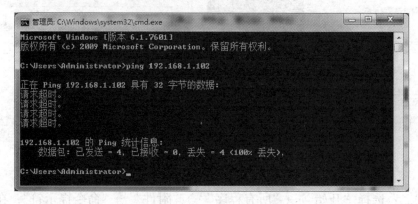

图 4-13　ping 命令测试失败

③ 故障分析

如果输入 ping 命令后出现"请求超时"的提示信息，则需要分析网络故障出现的原因，一般可以检查如下几点：

• Ping 命令是否被防火墙阻止了。

• 被测试计算机是否安装了 TCP/IP 协议，IP 地址设置是否正确。

• 连接两台计算机的网线、集线器或交换机是否接通并正常工作。

（2）ipconfig 命令

ipconfig 命令用于显示所有当前的 TCP/IP 网络配置值、刷新动态主机配置协议（DHCP）和域名系统（DNS）设置。使用 ipconfig　/all 命令可以显示所有适配器的 IP 地址、子网掩码和默认网关，如图 4-14 所示。

图 4-14　ipconfig 命令测试结果

任务实施

步骤 1 硬件设备准备工作。打开所有设备的电源，如果网卡上的指示灯和交换机上相应指示灯都亮绿灯，则说明网络物理线路畅通。

步骤 2 设置 IP 地址。

① 在第 1 台计算机的桌面上右击"网络"图标，在右键菜单中选择"属性"命令，打开"网络和共享中心"窗口，单击窗口左侧的"更改适配器设置"后，右击窗口中的"本地连接"图标，从弹出的右键菜单中选择"属性"命令，打开"本地连接属性"对话框。

② 双击"此连接使用下列项目"列表中的"Internet 协议版本 4（TCP/Ipv4）"项目，打开"Internet 协议版本 4（TCP/Ipv4）属性"对话框。选中"使用下面的 IP 地址"单选按钮，并在"IP 地址"文本框中输入 192.168.0.1，单击"子网掩码"文本框，将自动输入 255.255.255.0，单击"确定"按钮。

③ 按照同样的方法为其他的计算机分配 IP 地址，要注意的是 IP 地址不能重复。

步骤 3 设置计算机标志。

① 在桌面上右击"计算机"图标，在右键菜单中选择"属性"命令，打开"系统属性"窗口，在"计算机名称、域和工作组设置"项目里单击"更改设置"按钮，打开"系统属性"对话框。

② 在"计算机名"选项卡里单击"更改"按钮，打开"计算机名/域更改"对话框，在"计算机名"文本框中输入该计算机的名称 LX，在"工作组"文本框中输入 WorkGroup。

③ 依次单击"确定"按钮，在弹出的"计算机名/域更改"对话框中单击"确定"按钮，重启计算机。

④ 按照同样的方法为其他的计算机更改标识，要注意的是计算机名不要重复。

步骤 4 检测是否能够正常通信。

选择"开始"→"运行"，在弹出的"运行"对话框中输入"cmd"，单击"确定"按钮，在打开的命令窗口中键入以下命令：

① ping   127.0.0.1

即 ping 本地主机地址，以检测本机 TCP/IP 协议是否安装正确。

② ping 192.168.0.1

ping 本机的 IP 地址，如果 ping 不通，可以知道本机网络配置不正确。

③ ping 192.168.0.2

ping 其他计算机的 IP 地址，如果 ping 不通，可能对方主机网络配置不正确，或是网线、交换机等中间链路部分有问题。

如果以上测试成功，则局域网已经成功连接。

任务 4.2　局域网资源共享

任务描述

　　资源共享是局域网最基本的功能，可以让所有联入局域网的计算机共同访问或使用共享文件和硬件设施。在 Windows 操作系统中，默认情况下，只有"计算机"窗口中的"共享文档"为共享文件夹，本任务将计算机中其他文件夹、驱动器或打印机也设置为共享资源。

知识准备

1. 家庭组

　　Windows 7 中提供了一项名称为"家庭组"的家庭网络辅助功能，通过该功能我们可以轻松地实现 Windows 7 电脑互联，在电脑之间直接共享文档，照片，音乐等各种资源，还能直接进行局域网联机，也可以对打印机进行更方便的共享。

　　（1）创建家庭组

　　① 在其中一台 Windows 7 电脑上单击"开始"按钮，打开"控制面板"，如图 4-15 所示。单击"网络和 Internet"项目下的"选择家庭组和共享选项"链接，就可以打开"家庭组"选项。如图 4-16 所示。

图 4-15　打开"控制面板"

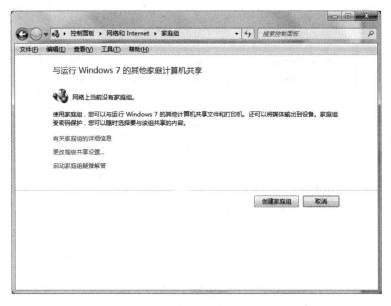

图 4-16　创建家庭组（1）

② 在"家庭组"窗口中点击"创建家庭组"，勾选要共享的项目。如图 4-17 所示。Windows 7 家庭组可以共享的内容很丰富，包括文档、音乐、图片、打印机等，几乎覆盖了电脑中的所有文件。

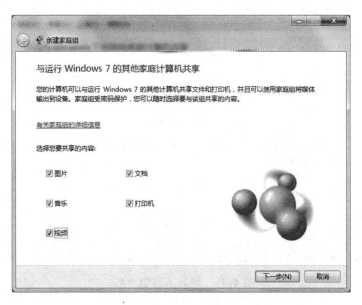

图 4-17　创建家庭组（2）

③ 选择共享项目之后，点击"下一步"，Windows 7 会返回一串无规律的字符，如图 4-18 所示。这就是家庭组的密码，可以把这串密码复制到文本中保存，或者直接写在纸上。

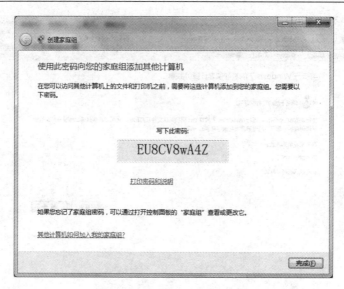

图 4-18　创建家庭组（3）

④ 记下这串密码后点击"完成"保存并关闭设置，一个家庭组就创建完成了。如图 4-19 所示。

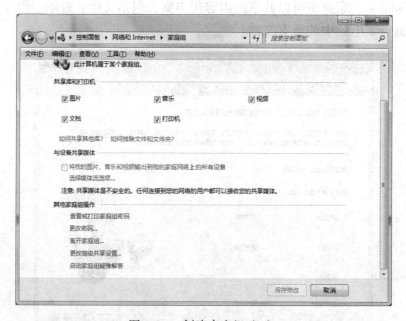

图 4-19　创建家庭组（4）

（2）加入家庭组

① 想要加入已有的家庭组，同样先从控制面板中打开"家庭组"设置，当系统检测到当前网络中已有家庭组时，原来显示"创建家庭组"的按钮就会变成"立即加入"。如图 4-20 所示。

图 4-20 加入家庭组（1）

② 加入家庭组的电脑也需要选择希望共享的项目，如图 4-21 所示。

③ 选好之后，在下一步中输入刚才创建家庭组时得到的密码。如图 4-22 所示。单击"下一步"按钮，就可以加入到这个家庭组了。

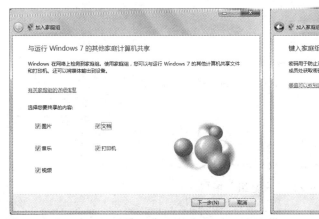

图 4-21 加入家庭组（2）

图 4-22 加入家庭组（3）

（3）查看家庭组

家中所有电脑都加入到家庭组后，展开 Windows 7 资源管理器左侧的"家庭组"目录，就可以看到已加入的所有电脑了。如图 4-23 所示。只要是加入时选择了共享的项目，都可以通过家庭组自由复制和粘贴，与本地的移动和复制文件一样。

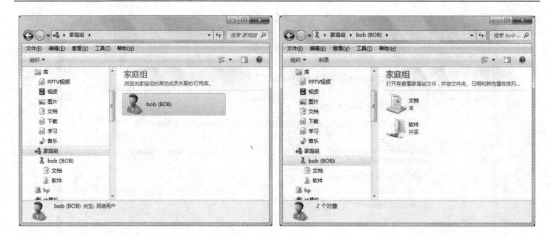

图 4-23　查看家庭组

（4）离开家庭组

为了安全起见，在使用完以后，可以离开家庭组。

① 打开"家庭组"窗口，如图 4-24 所示。

图 4-24　"家庭组"窗口

② 单击"离开家庭组"链接，即可打开"离开家庭组"对话框，如图 4-25 所示。单击"离开家庭组"，在下一个窗口单击完成即可。

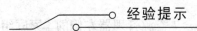
经验提示

　　要注意开启 Windows 防火墙和 guest 账号。创建家庭组和加入家庭组的时间间隔不能超过一个小时。

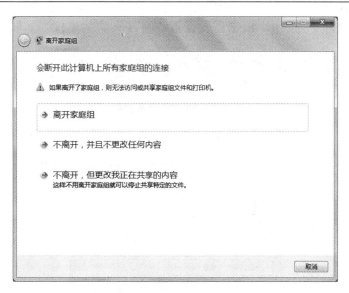

图 4-25 离开家庭组

2. 文件共享

（1）共享文件夹

① 在"计算机"中右击需要共享的文件夹，在右键菜单中选择"属性"命令，在"属性"对话框中切换到"共享"选项卡，如图 4-26 所示。

② 单击"高级共享"按钮，在"高级共享"对话框里勾选"共享此文件夹"复此时"共享名"文本框中默认为文件夹的名称，也可以更改为其他名称。如图 4-27 所示。

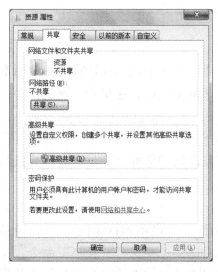

图 4-26 共享文件夹"属性"对话框

图 4-27 "高级共享"对话框

③ 单击"权限"按钮，根据需要设置该文件夹的共享权限。如图 4-28 所示。

图 4-28 "权限"对话框

④ 依次单击"确定"按钮，此时该文件夹已经共享，可以通过局域网进行访问了。

○─── 经验提示

在共享的文件夹名称后面加上$符号，则可以把共享文件夹在网络中隐藏起来，即其他计算机在"网络"窗口中看不到该共享文件夹，但可以在"网络"窗口地址栏输入\\计算机名\文件夹共享名$来访问它。

（2）磁盘共享

计算机中的硬盘、光驱等都可用来共享，以便局域网中的其他计算机像使用本机设备一样共用磁盘。磁盘共享的方法与文件共享基本相同，这里不再赘述。

3. 打印共享

整个局域网中只要有一台打印机，使用共享打印机功能即可满足所有计算机的打印需求。

（1）设置共享打印机的操作方法

① 在连接了打印机的计算机桌面选择"开始"→"设备和打印机"，在"设备和打印机"窗口中右击已安装的打印机图标，在右键菜单中选择"共享"命令。

② 在弹出的打印机"属性"对话框中，点击"共享这台打印机"单选框，单击"确定"按钮，如图 4-29 所示。

图 4-29　打印机"属性"对话框

（2）在使用共享的打印机的计算机上，需要添加共享打印机的操作方法

① 在要使用共享打印机的计算机中，打开"设备和打印机"窗口，单击"添加打印机"按钮，启动"添加打印机"向导，单击"添加网络、无线或 Bluetooth 打印机"，如图 4-30 所示。

图 4-30　"添加打印机"向导（1）

② 在"添加打印机"对话框中，选择已搜索到的共享打印机（如图 4-31 所示），单击"下一步"按钮。

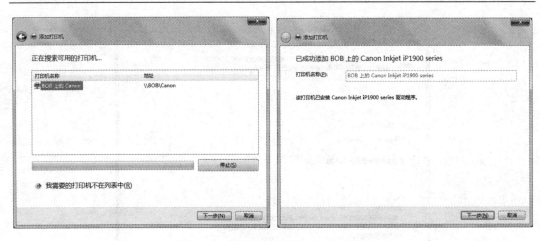

图 4-31　"添加打印机"向导（2）

③ 共享打印机添加成功，可打印测试页，如图 4-32 所示。此时，将此共享打印机设置为本机的默认打印机，如图 4-33 所示。

图 4-32　"添加打印机"向导（3）

图 4-33　共享打印机添加成功

○ 经验提示

共享打印机的使用方法和本地打印机类似，需要注意的是：提供打印服务的计算机必须处于运行状态才能打印；在多个用户同时使用一台共享打印机时，打印机将根据先后顺序处理打印任务。

4. 查看共享资源

网络上有了共享资源后，可以使用多种方法查看可利用的资源状况。

（1）使用网上邻居

① 双击桌面上的"网络"图标，打开"网络"窗口。即可看到当前正在运行的计算机，如图 4-34 所示。

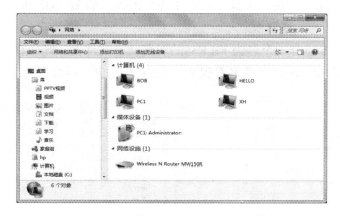

图 4-34 "网络"窗口中的工作组计算机

② 双击要查看共享资源的计算机图标，如果对该计算机有访问权限，则会显示其中的共享资源，如图 4-35 所示。

图 4-35 网络计算机中的共享资源

③ 双击要访问的共享文件夹，就可使用其中的文件。可以将需要的文件复制到本机磁盘，也可以将本机文件复制到共享文件夹中（此时需要共享文件夹设置了可更改权限）。

（2）UNC 名称

UNC（Universal Naming Convention）是网络上通用的共享资源命名方式，如果知道网络上某个共享资源的具体名称和路径，可以使用 UNC 直接打开。其格式定义如下：

\\计算机名称\共享名称\子目录名称\文件名称

在 Windows 7 系统中，要使用 UNC 名称查看网络资源，可以打开"计算机"或"网络"窗口，在"地址"文本框中输入网络资源的路径后按回车键。

① 访问可见共享资源

例如，要访问计算机 HC 上的 Downloads 共享文件夹，则应在"地址"文本框中输入\\xh\Downloads，按回车键可看到文件夹内容，如图 4-36 所示。

② 访问隐藏的共享资源

计算机 HC 上还有一个名为 FILES$ 的隐藏共享文件夹，则应在"地址"文本框中输入\\xh\ FILES$，按回车键可看到文件夹内容，如图 4-37 所示。

图 4-36　访问可见共享文件夹　　　　　图 4-37　访问隐藏共享文件夹

5. FTP 服务器的配置和访问

FTP 是 TCP/IP 体系结构中的一个协议，它负责将文件从联网的一台计算机传输到另一台计算机，并保证文件传输的可靠性。FTP 服务是一种实时联机服务，用户可以在 FTP 服务器上上传或下载文件。

下载并安装了 FTP 服务器软件后，即可开始配置 FTP 共享资源，下面以 Serv-U FTP （V11.3 版本）软件为例，介绍配置过程。

（1）新建域

① 新安装的 Serv-U FTP 软件会自动打开"Serv-U 管理控制台"窗口，并启动

配置向导，如图 4-38 所示，单击"是"按钮。（如果已经安装了该软件，可在操作系统"开始"菜单中找到相应的"Serv-U 管理控制台"命令，打开"Serv-U 管理控制台"窗口，并单击窗口中的"新建域"按钮。）

图 4-38　"Serv-U 管理控制台"窗口

② 在"域向导步骤 1"窗口的"名称"框中输入该域名称，单击"下一步"按钮（如图 4-39 所示）。

③ 在向导其他步骤窗口中依次单击"下一步"按钮，最后单击"完成"按钮。

（2）*新建用户*

① 在出现创建用户和使用向导的提示窗口时，单击"是"按钮，即出现如图 4-40 所示"用户向导-步骤 1"窗口，在"登录 ID"文本框填写用户（如"user"），单击"下一步"按钮。

② 在"用户向导-步骤 2"窗口中，已经为用户自动分配了密码，也可以修改

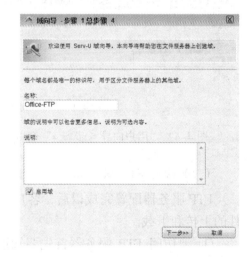

图 4-39　"域向导步骤 1"窗口

为自己便于记忆的密码内容，单击"下一步"按钮。

③ 在"用户向导-步骤 3"窗口（如图 4-41 所示）的"根目录"文本框中，可以手工填写有效目录路径，也可以单击文本框后的按钮，在"浏览"窗口中选择根目录，单击"下一步"按钮。

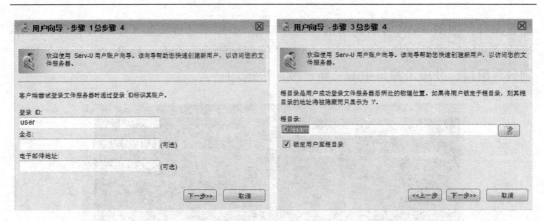

图 4-40　"用户向导 – 步骤 1"窗口　　　　　图 4-41　"用户向导 – 步骤 3"窗口

④ 在"用户向导 – 步骤 4"窗口中，需要在"访问权限"下拉列表中选择用户访问的类型，如图 4-42 所示，单击"完成"按钮。

⑤ 此时将进入"用户"窗口（如图 4-43 所示），新建的用户出现在域用户列表中，如需管理用户，可单击下方的"添加"、"编辑"、"删除"等按钮完成相应操作。

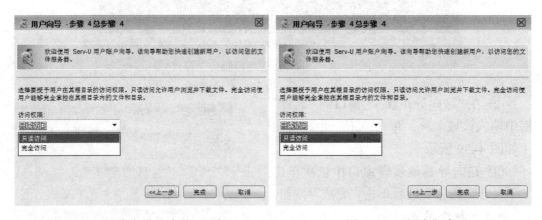

图 4-42　"用户向导 – 步骤 4"窗口　　　　　图 4-43　"用户"窗口

（3）访问 FTP 服务器

FTP 服务器配置完成以后，客户端即可通过浏览器访问 FTP 服务器，并进行文件的上传和下载。

① 要访问 FTP 服务器首先要知道服务器的地址，在浏览器窗口的地址栏中键入该 URL，如"ftp://ftp.cjxy.edu.cn"或"ftp://192.168.1.100"，单击"转到"按钮。

② 若 FTP 服务器需要通过密码访问，则会出现"登录身份"窗口，填写正确的用户名和密码，单击"登录"按钮，即可查看 FTP 服务器中的资源。

（4）上传和下载文件

利用浏览器窗口进行文件的上传和下载操作，与平常文件的管理操作一致，即可通过鼠标拖动或复制、粘贴等操作将文件在本地计算机和 FTP 服务器间传递。

要注意的是，根据 FTP 服务器的配置情况，有些 FTP 服务器只提供下载不提供上传功能，此时上传文件时会出现错误提示窗口。

任务实施

步骤 1　共享具有可更改权限的文件夹。

① 在计算机 LX 桌面双击"计算机"图标，在"计算机"窗口中右击需要共享的文件夹 E:\Share，在右键菜单中选择"共享和安全"命令，弹出"属性"对话框。

② 切换到"共享"选项卡，在"网络共享和安全"栏中勾选"在网络上共享这个文件夹"和"允许网络用户更改我的文件"复选框。

③ 单击"确定"按钮，则文件夹可供网络上的用户进行读写操作。

步骤 2　共享本机连接的打印机。

① 在桌面选择"开始"→"设置"→"打印机和传真"，在"打印机和传真"窗口中右击已安装的打印机图标，在右键菜单中选择"共享"命令。

② 在弹出的打印机"属性"对话框中，点击"共享这台打印机"单选按钮，单击"确定"按钮。

步骤 3　在其他计算机中访问共享文件夹。

① 双击桌面上的"网络"图标，在"网络"窗口中单击"网络任务"窗格中的"查看工作组计算机"超链接。

② 双击计算机 LX 的图标，在其共享资源图标中双击 Share 共享文件夹，即可对其中的文件进行操作。

步骤 4　映射网络驱动器。因为在以后的工作中会经常访问 PC1 的 D 盘，则可将其映射为本机的一个驱动器。

① 在 PC1 上双击"计算机"图标，打开"计算机"窗口，在 D 盘图标上右击，选择属性，并切换到"共享"选项卡。如图 4-44 所示。

② 单击"高级共享"按钮，在"高级共享"对话框中选中"共享此文件夹"复选框，如图 4-45 所示。

③ 单击"确定"按钮即完成 D 盘的共享，如图 4-46 所示。

④ 在 LX 桌面上右击"计算机"图标，在弹出的右键菜单上选择"映射网络驱动器"，打开"映射网络驱动器"对话框，选择驱动器为"Z"。如图 4-47 所示。

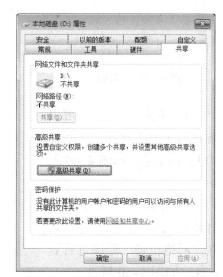

图 4-44　"本地磁盘属性"对话框

图 4-45 "高级共享"对话框

图 4-46 D 盘设置为共享后的状态

⑤ 单击"浏览"按钮，在"浏览文件夹"对话框中，选择 PC1 的共享文件夹"d"，如图 4-48 所示。

图 4-47 "映射网络驱动器"向导（1）　图 4-48 "映射网络驱动器"向导（2）

⑥ 单击"确定"，可以看到 PC1 上的 D 盘已经映射为 LX 的 Z 盘，如图 4-49 所示。

⑦ 单击"完成"，自动打开 LX 的"计算机"窗口，在"网络位置"处即可看到 Z 盘。如图 4-50 所示。

图 4-49 "映射网络驱动器"向导（3）

图 4-50　"映射网络驱动器"向导（4）

 任务 4.3　Internet 资源利用

任务描述

用户想要利用 Internet 上的资源，必须首先将自己的计算机接入 Internet。本任务将完成 ADSL 上网所需的准备工作和硬件设备，设置 Internet 连接软件，进入 Internet 世界。

知识准备

1. Internet 基础知识

（1）Internet 概念

Internet 又称因特网，是国际计算机互联网的英文简称，是世界上规模最大的计算机网络，正确地说是网络中的网络。

Internet 是由各种网络组成的一个全球信息网，可以说是由成千上万个具有特殊功能的专用计算机通过各种通信线路，把地理位置不同的网络在物理上连接起来的网络。其信息资源也极为丰富，内容涉及教育、经济、生活、农业、旅游等各个领域，凡是 Internet 的用户都可以通过各种工具访问网络上所有的信息资源，咨询各种信息，获取自己想要的资料。

（2）域名系统

域名系统为用户提供名字，并将这些名字解析为 IP 地址，然后网络间可通过 IP 地址进行互访。但 Internet 是一个庞大的网络组织，IP 地址又是 Internet 中主机的一种数字型标识，给上网的人带来不便，因此出现了字符型标识符，称为域名。域名是 Internet 上某一台主机或计算机组织的名称，在结构上由"."分隔的两个以上的域名组成。域名系统是一个分布式数据库，为了识别 Internet 上的主机而提供的一种树状命名系统。例如，长江职业学院的域名地址为 www.cjxy.edu.cn，其中 edu 是顶级域名（教育机构），cn 是国家名（中国）。

在域名中从右到左，子域名分别表示不同的国家或地区、组织机构、组织名称、分组织名称、主机名称。一般情况下，最右边的子域名为顶级域名，用两个字母表示国家或地区；用三个字母表示为机构，如表 4-1 所示。

表 4-1　　　　　　　　　　　　常用顶级域名代码

代码	机构名称	代码	国家或地区名称
com	商业机构	cn	中国
edu	教育机构	jp	日本
gov	政府机构	hk	中国香港
int	国际组织	uk	英国
mil	军事机构	ca	加拿大
net	网络服务机构	de	德国
org	非营利机构	fr	法国

2. 连接 Internet

接入 Internet 之前首先要做的是找一个比较理想的 ISP（互联网服务提供商），办理上网手续，申请一个属于自己的 Internet 账号。申请成功后会得到有效的上网账号和密码，要注意密码的安全性，以防被盗用。

常见的 Internet 接入方式有：

（1）拨号接入

拨号接入就是利用调制解调器（Modem）将计算机通过电话线与 Internet 相连。当需要上网时，拨打一个特殊的电话号码（即上网账号），即可将计算机与 Internet 连接起来。

拨号接入操作简单、使用方便、灵活性强，只要有电话线和 Modem 即可，比较适合家庭用户或业务量小的单位使用。但这种方式上网速度慢，连接不稳定。

（2）ISDN 接入

ISDN 的英文全称为 Integrated Service Digital Network，即综合业务数字网，俗称为"一线通"。它支持一系列广泛的语音和非语音业务，为用户进网提供一组有限的、标准的多用途用户/网络接口。ISDN 是一个全数字的网络，也就是说，不论原始信号是语音、文字、数据还是图像，只要可以转换成数字信号，都能在 ISDN 网络中进行传输。

由于 ISDN 实现了端到端的数字连接，它可以支持包括语音、数据、图像等各种业务，而且传输质量大大提高。ISND 的业务覆盖了现有通信网的全部业务，例如传真、电话、可视图文、监视、电子邮件、可视电话、会议电视等，可以满足不同用户的需要。ISDN 还有一个基本特性，就是向用户提供标准的入网接口。用户可以随意地将不同业务类型的终端结合起来，连接到同一接口上，并且可以随时改变终端类型。

（3）ADSL 宽带接入

ADSL 是 Asymmetric Digital Subscriber Line（非对称性数字用户线路）的缩写，是一种全新的 Internet 接入方式。ADSL 仍以普通的电话线为传输介质，但它采用先进的数字信号处理技术与创新的数据演算方法，在一条电话线上使用更高频率的范围来传输数据。并将下载、上传和语音数据传输的频道分开，形成一条电话线上可以同时传输 3 个不同频道的数据。

使用 ADSL 接入 Internet 的优点是速度快，打电话、上网两不误；缺点是有效传输距离有限，一般在 3~5 km 范围内。

（4）通过局域网接入 Internet

通过局域网接入 Internet 是指将用户的计算机连接到一个已经接入 Internet 的计算机局域网，该局域网的服务器应是 Internet 上的一台主机，用户计算机通过该局域网的服务器访问 Internet。

这些局域网本身可以通过前面所讲的 ADSL 方式和 ISDN 方式接入 Internet。不是这个局域网内部用户的用户也可以通过这个局域网接入 Internet。他们只要将自己的计算机连接到这个局域网就行了。

用户计算机与局域网的连接方式取决于用户使用 Internet 的方式。如果仅打算在需要时才接入 Internet，可以通过刚刚讲到的用电话线和调制解调器进行拨号连接的方式接入，这种方式的连接费用较低，但传输速率也较低，而且受到诸多因素的影响。

如果需要较高的上网速度，可申请一个拨号 ISDN 账户。ISDN 允许通过普通电话线进行高速连接，能够提供双向 128 Kbps 的速度。目前，通过 ISP 使用 ISDN 账户正变得越来越流行。如果需要随时接入 Internet，就需要拉一根专线到局域网。

（5）**无线移动上网**

　　笔记本电脑以其强大的处理功能、便利的移动特性深受用户欢迎，尤其适用于经常出差或野外办公的人们。目前上网大都采用普通电话拨号，对于移动办公的用户也许会遇到周围找不到电话上网的情况，如果这种情况经常出现，就不得不考虑使用移动电话上网。

　　目前无线上网的实现方式有很多种，用户可以根据自己的实际需要和条件进行选择。常用的方式有："手机+电脑"，即利用手机内置的 Modem，通过数据传输线、红外线等方式将手机同笔记本电脑连接起来；"无线上网卡+电脑"，这种方式需要购买额外的设备 PC 卡，将其直接插在笔记本或者台式电脑上，实现无线上网。

任务实施

　　步骤1　硬件设备准备。使用 ADSL 接入 Internet 无需改动电话线，只需增加 ADSL 分离器、ADSL Modem 等硬件设备，以及保证计算机上安装了网卡，各硬件设备连接方式如图 4-51 所示。

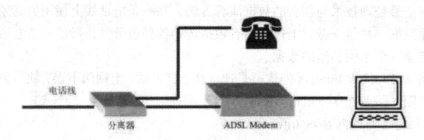

图 4-51　ADSL 设备连接示意图

　　① ADSL 分离器：用于将电话线路中的高频数字信号和低频语音信号进行分离，共有 3 个电话线接口。Line 接口用于接输入电话线，Modem 接口用于接 ADSL Modem，Phone 接口用于接固定电话机。

　　② ADSL Modem：用于拨号上网，它有三个接口，分别用来连接 ADSL 分离器、网线及电源。

　　步骤 2　建立拨号连接。现在，各个 ADSL 服务商都提供了自己的客户端，用户直接可以安装客户端建立拨号连接。建立连接后，用户输入申请的账户和密码即可连入 Internet。

任务 4.4　获取 Internet 资源

任务描述

Internet 是一个巨大的信息资源空间，如何准确快速地获取所需的信息是必须解决的首要问题。本任务将使用浏览器搜索办公信息，如为公司下载纳税申报表，并将有用信息下载到本地计算机中进行保存。

知识准备

IE 浏览器的使用

在建立与 Internet 的连接之后，用户就可以使用 Web 浏览器浏览 Internet 上的资源。浏览器是一种客户端的工具软件，它不仅可以访问 Web 页面，还可以阅读新闻或从 FTP 服务器下载文件以及收发电子邮件等。

Microsoft 公司的 Internet Explorer（简称 IE）是目前最常用的浏览器软件。不同版本的 IE 浏览器界面和功能都有所区别，下面以 IE 9.0 为例介绍浏览器的基本使用方法。

（1）启动 IE 浏览器

双击桌面或快速启动栏的 IE 图标 ，启动 IE 浏览器，IE 窗口如图 4–52 所示，其主要组成部分如表 4–2 所示。

表 4–2　　　　　　　　　　　　IE 浏览器窗口的组成及其功能

名　称	功　能
标题栏	显示当前正在浏览的网页名称或地址
地址栏	可用来输入网站的地址，打开网页时显示真正访问的页面地址
命令栏	包含了常用的工具按钮，如 ，单击打开主页
收藏夹栏	显示"收藏夹"按钮及收藏夹部分内容
选项卡栏	每打开一个网页，对应增加一个选项卡标签
页面浏览区	窗口中最大的部分是页面浏览区，显示当前 Web 页的信息
状态栏	显示浏览器当前操作状态的相关信息

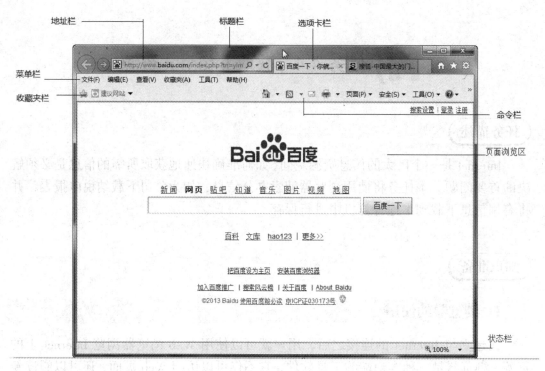

图 4-52 IE 窗口

（2）使用 IE 浏览网页

浏览网页最直接的方法就是在浏览器的地址栏中输入网址，按下回车键。例如，输入 http://www.sina.com.cn 后，按下回车键即可打开新浪网的首页，如图 4-53 所示。

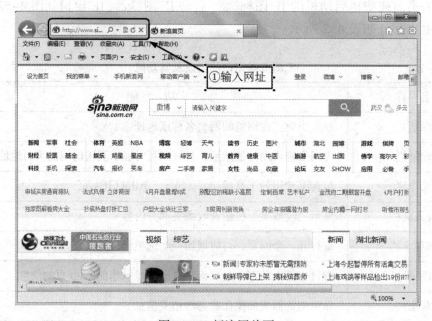

图 4-53 新浪网首页

打开的 Web 网页中，常常会有一些标题、文字、图片等，鼠标移动到上面会变成手的形状（如图 4-54 所示），表明此处是一个超链接，点击即可进入其链接的网页。打开新网页时默认在新窗口中显示，如果不想增加窗口，可以在超链接的右键菜单中选择"在新选项卡中打开"命令。

（3）保存网页内容

① 保存整个页面

单击命令栏的"页面"按钮，在弹出的下拉菜单中选择"另存为"命令，弹出如图 4-55 所示的"保存网页"对话框。

图 4-54　超链接及其右键菜单

在该对话框中选择保存路径和文件类型，单击"保存"按钮即可保存页面。

图 4-55　保存整个页面

② 保存网页中的图片

- 在想要保存的网页图片上单击鼠标右键，在右键菜单中选择"图片另存为"命令，如图 4-56 所示。

图 4-56 保存页面中的图片

- 弹出的"保存图片"对话框与保存页面的对话框类似，在其中选择保存路径和图片文件类型，单击"保存"按钮即可保存图片。
- 在图片的右键菜单中还提供了其他功能，如："打印图片"命令可以直接用连接的打印机将此图片打印出来；"设置为背景"命令可将该图片设置为桌面背景图片；"复制"命令会将图片放入剪贴板，可以将其粘贴到其他文档中进行编辑。

（4）网页收藏及收藏夹的操作

① 收藏网页

- 使用浏览器打开待收藏的网页，单击"收藏夹"菜单，在弹出的下拉菜单中单击"添加到收藏夹"按钮，打开"添加收藏"对话框，如图 4-57 所示。

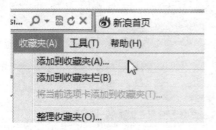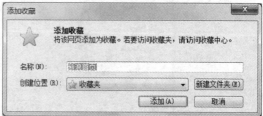

图 4-57 收藏网页

- 在"名称"文本框中输入当前网页的名称(也可以使用默认名称)。
- 在"创建位置"下拉列表框中可以选择已经存在的文件夹,也可以单击"新建文件夹"按钮创建新的文件夹。
- 单击"添加"按钮,即可将网址保存在收藏夹中。

② 整理收藏夹

当收藏的网页越来越多时,在收藏列表中查找需要的网页链接比较费时,可以通过整理收藏夹删除多余的网页链接或用文件夹进行整理分类。

单击收藏栏的"收藏夹"按钮,在弹出的下拉窗口中单击"添加到收藏夹"按钮旁的下三角按钮,在弹出的下拉菜单中选择"整理收藏夹"命令,打开"整理收藏夹"对话框,如图 4-58 所示。在"整理收藏夹"对话框可以对收藏项进行各种管理操作:

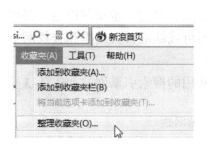

图 4-58　"整理收藏夹"命令和对话框

- 查看文件夹:只需要单击文件夹就可以将其展开,能够看到其中包含的网页链接。
- 新建文件夹:单击"新建文件夹"按钮,将在收藏项列表中添加一个名为"新建文件夹"的文件夹,并处于重命名状态,可以更改文件夹名称,按下回车键即可。
- 移动收藏项:在收藏项列表中选择要移动的项目,单击"移动"按钮,弹出"浏览文件夹"对话框(如图 4-59所示),在文件夹列表中单击目标文件夹,单击"确定"按钮,则将收藏

图 4-59　"浏览文件夹"对话框

项移动到目标文件夹中。

- 重命名收藏项：选择列表中的文件夹或网页链接，单击"重命名"按钮，即可进行重命名状态重新输入名称（如图 4-60 所示），按回车键或用鼠标在输入框外单击即可确定。

- 删除收藏项：选择列表中的文件夹或网页链接，单击"删除"按钮，在确认对话框中单击"是"按钮，即可删除指定项目。

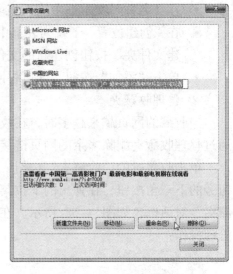

图 4-60　重命名收藏项

（5）搜索 Internet 资源

Internet 是一个巨大的信息资源空间，这些信息涉及人类学习、工作和生活的方方面面。面对这浩瀚的信息海洋，摆在面前的第一个难题就是如何准确快速地获取所需的信息。

搜索引擎是一种自动从 Internet 网搜集信息，经过一定整理以后，提供给用户进行查询的系统，是目前人们访问网络信息不可或缺的得力助手和查找网络信息的专用工具。

提供搜索引擎服务的网站非常多，国内常用的搜索引擎网站如表 4-3 所示。

表 4-3　　　　　　　　　　　　国内常用搜索引擎网站

名　　称	网　　址
百度	www.baidu.com
谷歌	www.google.com
搜搜	www.soso.com
搜狗	www.sogou.com
必应	cn.bing.com

专门提供搜索引擎服务的网站一般首页页面比较简洁，并且大多提供对网络资源进行分类检索的功能，如图 4-61 所示。以下以百度网站为例，介绍搜索网络信息的操作方法。

图 4-61   "百度"网站首页

① 搜索网页信息

- 在浏览器地址栏输入搜索引擎网站地址，或直接在地址栏搜索框内输入要查找的关键字，如"电脑配置"。
- 单击其中的任意一个网页链接，就可以显示相应的网页，如图 4-62 所示。

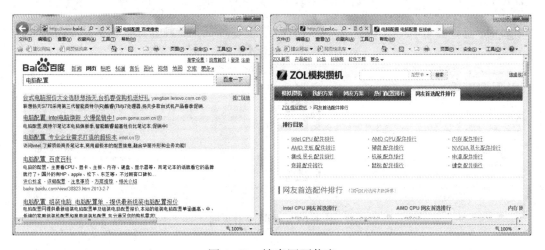

图 4-62   搜索网页信息

② 新闻搜索

- 在"百度"首页中单击"新闻"超链接，进入"百度新闻"主页面，如图 4-63 所示。页面包含有国内、国际、互联网、财经、科技等新闻栏目，可以浏览最新的新闻主题，打开查看自己感兴趣的新闻。

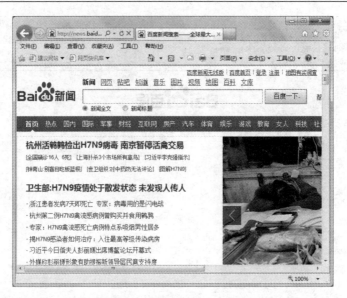

图 4-63　"百度新闻"主页面

- 如果想直接搜索与某一事件相关的新闻，可以在搜索文本框中输入关键词，如"食品安全"，然后单击"百度一下"按钮。
- 打开如图 4-64 所示的页面，其中列出了相关的超链接，单击某个超链接，可以阅读其详细内容。

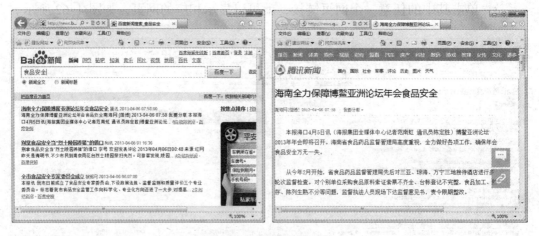

图 4-64　新闻搜索页面

③ 图片搜索

- 在"百度"搜索引擎主页单击"图片"超链接，打开图片搜索引擎主页，如图 4-65 所示。
- 在搜索文本框中直接输入想查询的关键词，如"电脑配件"，然后单击"百度一下"按钮，或直接按回车键即可。搜索结果如图 4-66 所示。

图 4-65　图片搜索主页面

图 4-66　图片搜索结果

- 单击要查看图片的缩略图，就会看到原始大小的图片，如图 4-67 所示。

图 4-67　图片搜索主页面及搜索结果

- 可以在该窗口中对图片进行多种操作：左侧的列表中点击向上和向下的箭头查看其他的图片；图片下方的放大镜按钮可以放大和缩小图片；利用图片右键菜单保存图片。

④ 搜索文献

搜索图书、期刊、论文等文献通过专门的资源网站可以更快更全地查找到需要的信息。国内主要的文献资源系统如表 4-4 所示。

表 4-4　　　　　　　　　　　国内主要的文献资源系统

名　　称	网　　址
中国知网（CNKI）	www.cnki.net
万方数据资源系统	www.wanfangdata.com.cn
维普信息资源系统	www.cqvip.com
百度文库	wenku.baidu.com

以上资源系统大多要付费或使用积分才能下载资料，这里以百度文库为例介绍资料搜索和下载过程。

百度文库是一个在线分享文档的开放平台，用户可以在线阅读和下载课件、习题、论文报告、专业资料等文档。

- 在"百度"首页单击搜索输入框下的"文库"超链接，会链接到"百度文库"主页面（如图 4-68 所示）。

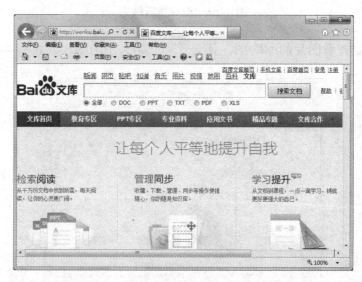

图 4-68　图片搜索主页面及搜索结果

- 在搜索框内输入要查询的文档标题或关键字，如："Word2010 使用技巧"，单击"搜索文档"按钮，或按回车键。
- 在出现的"百度文库搜索"页面中，点击某个文档超链接，即进入文档浏览页面，在页面中可以阅读文档全部内容，如图 4-69 所示。

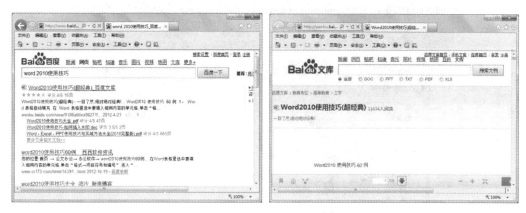

图 4-69 百度文库搜索页面及文档浏览页面

- 如果需要下载此文档，可以在页面下方单击"下载此文档"按钮，此时需要用百度用户身份登录并扣除相应账户的财富值。

（6）下载网络资源

① 用 IE 浏览器下载资源

Internet 可供下载的各种资源大部分以超链接的形式出现在相应的网页上，因而在浏览这些网页时，点击这些链接就可以下载相应的资料。如果计算机上没有安装下载工具软件，可以使用 IE 浏览器直接进行 Web 方式的下载。

- 以下载压缩和解压软件 WinRAR 为例，可以通过"百度"搜索引擎搜索"WinRAR 下载"，在搜索结果中单击某一网页超链接，进入下载页面，如图 4-70 所示。

图 4-70 百度搜索页面及软件下载页面

- 单击下载列表中的超链接，页面下方会弹出提示框，单击"保存"按钮的下按钮，选择"另存为"。在弹出的"另存为"对话框中，设置保存的路径，单击"保存"按钮，如图4-71所示。

图4-71 提示框及"另存为"对话框

- 此时，页面下方的提示框将显示下载的进度、估计剩余时间等信息，下载完成后也会提示选择运行、打开文件夹等信息（如图4-72所示）。

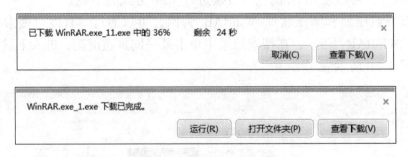

图4-72 下载过程及结果

② 下载工具软件的使用

虽然一般情况下可以利用浏览器直接在网页中进行下载，但如果下载的文件较大，经常会遇到网络阻塞，以致文件下载不完全。因而选择和使用高效易用的下载工具软件就显得十分必要。下面以迅雷为例介绍下载工具软件的使用。

- 使用迅雷前应确定计算机中是否安装了该软件，如果没有可以在浏览器中搜索，并下载、安装。

- 一般的下载工具软件安装后会自动监视浏览器，即在浏览器中点击下载链接时，会自动启动迅雷，并弹出"新建任务对话框"进行下载，如图 4-73 所示。

图 4-73　迅雷"新建任务"对话框

- 单击"立即下载"按钮将开始文件下载，并在悬浮窗口中显示下载的进度条及即时下载速度。下载完成会在屏幕右下角出现提示窗口，可以选择立即运行文件进行安装或打开下载文件所在文件夹。如图 4-74 所示。

图 4-74　迅雷悬浮窗口

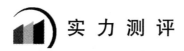

实 力 测 评

1. 组建宿舍局域网

测评目的：

掌握局域网的硬件设备连接，以及计算机 IP 配置和网络连通测试。

测评要求：

① 购买传输介质（如双绞线）和网络连接设备（如路由器），尝试连接宿舍内的各台计算机；

② 安装并设置必要的网络协议；

③ 测试网络连通状态，查找和排除出现的连通故障。

2. 在局域网中实现资源共享和信息交流

测评目的：

掌握在局域网环境中计算机之间的互相查找，以及如何共享其他计算机上的文件资源，并完成计算机间的信息交流。

测评要求：

① 将计算机中的文件用不同的权限共享给其他网络用户；

② 查找所在局域网的其他计算机，查看和使用有效的网络共享资源；

③ 利用通信软件实现局域网中用户的信息交流。

第四部分　Word 2010 的应用

Office 2010 是微软公司新推出的计算机办公套装软件，因功能强、操作方便深受大多数用户青睐，无论是编辑文书、分析数据，还是制作演示文稿，使用者都能轻松高效地完成这些任务。Office 2010 版包含 Word、Excel、PowerPoint、OneNote、InfoPath、Access、Outlook、Publisher、Communicator、SharePoint Workspace 等几乎所有组件。

作为 Office 2010 办公套装软件中的一个重要组成部分，Word 2010 是一款现代办公文书处理不可或缺的工具，具有集文字编排、表格制作和图形编辑于一体的功能，运用它可制作出各类精美的文书。本部分根据知识要点及操作模块内容，分别设置了两个项目，其中第一个项目是编排某企业招聘简章，用到文档的创建、编辑、字符格式、段落格式、分栏设置、页眉页脚设置、首字下沉设置、项目符号添加、页面边框及底纹设置、插入图、插入艺术字、插入文本框、绘制表格、制作目录等编排；第二个项目是制作个人求职简历及运用邮件合并功能制作面试通知书，在这个项目中将用到表格的编辑、排版、邮件合并中主文档创建、数据源创建及邮件合并等操作，通过这些由浅入深的项目实践，达到对 Word 2010 的基本编排操作方法及步骤、综合应用技巧以及邮件合并功能的熟练掌握与灵活运用。

项目 5　公司招聘简章制作

人力资源部舒经理将一份草拟的公司招聘简章交给文员小万，要求他用办公软件 Word 2010 制作出来，小万在工作中将要完成多页文档文本内容的录入、文档编辑、文档排版、美化及打印等，所要编排的文档前 2 页的效果如图 5-1 所示。

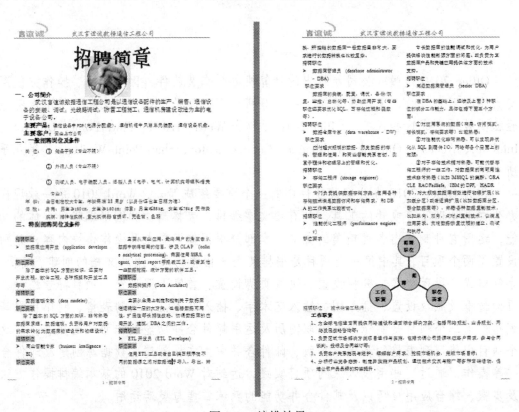

图 5-1　编排效果

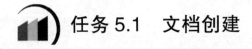

任务 5.1　文档创建

任务描述

本任务完成对公司招聘简章的文档内容的输入、页面设置。

104

知识准备

1. 认识 Word 2010 工作窗口

Word 2010 工作窗口可根据其功能将它划分为如下几个部分：标题栏区，主要包括 Word 窗口名称、控制菜单按钮、文档标题名称、快速访问工具栏及窗口控制按钮；功能区，主要包括有各个不同功能的功能选项卡及不同的选项组工具集合；编辑区；导航窗格及状态栏区等，各区的项目标号、功能名称如表 5-1 及图 5-2 所示。

表 5-1　　　　　Word 2010 工作窗口中的各标号对应的功能名称

标号	名　称	标号	名　称
1	标题栏	7	导航窗格
2	自定义快速访问工具栏	8	编辑状态区
3	选项卡功能区	9	视图切换区
4	组功能区	10	比例缩放按钮
5	水平标尺	11	编辑区
6	垂直滚动条		

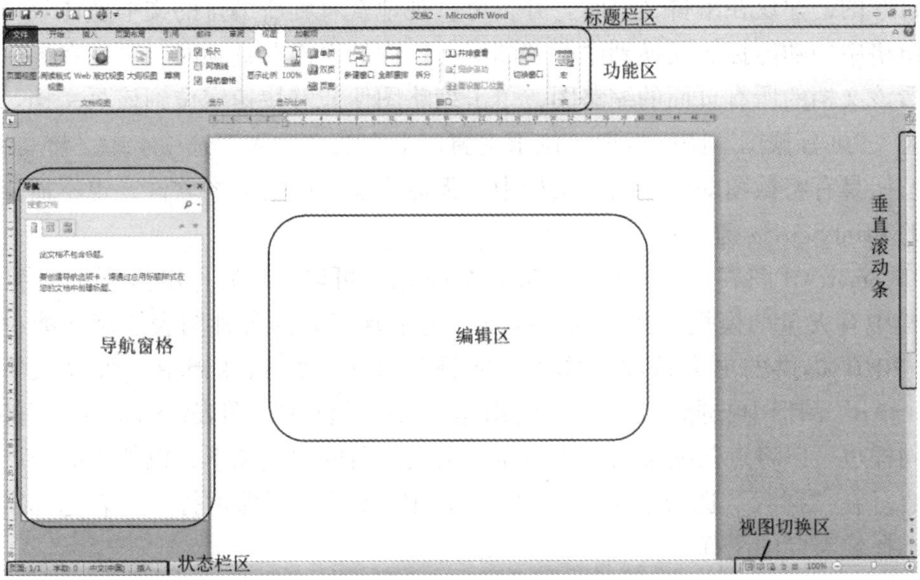

图 5-2　Word 2010 工作窗口分区结构

① 自定义快速访问工具栏，方便最常规的一些操作，如新建文档，保存文档，其选项内容可由用户按个性化操作自行增减。

② 标题栏显示了当前编辑的文档名称。

③ 选项卡区，是 Word 操作功能的集中体现，各功能相对集中并有序地存放，方便用户操作。

④ 选项组区，是每类操作的分类表达，在选项组内存放了相同类操作的图标按钮。

⑤ 窗口的正中央是文本编辑区，文本的输入编辑都在这个区域中完成。

⑥ 垂直滚动条和水平滚动条分布在文本区的四周。

⑦ 状态栏，显示了当前文档编辑的一些基本信息，例如 2010 版中就直观地显示了当前你所编辑的文书的字数，字符数可由审阅功能中的字数统计去查看，此外，在状态栏中清楚地显示了文本编辑中的插入态（即插入字样）或改写态（即改写字样）。

⑧ 视图区，在主窗口的右下角，通过这个视图按钮可方便地完成不同视图的切换，在编辑长文档时，需要在页面视图和大纲视图中交互，运用这项功能可方便地编辑文档。

⑨ 导航窗在上述主窗口的左侧，体验导航功能：在导航窗格搜索框中输入要查找的关键字后单击后面的"放大镜"按钮，这时你会发现，过去的每一个版本只能定位搜索结果，而 Word 2010 中在导航窗格中则可以列出整篇文档所有包含该关键词的位置，搜索结果快速定位并高亮显示与搜索相匹配的关键词；单击搜索框后面的"×"按钮即可关键搜索结果并关闭所有高亮显示的文字可通过视图选项进行关闭和打开的，建议在编排文书时打开，可直观地查看到所编排的文书整体效果。将导航窗格中的功能标签切换到中间"浏览文档中的页面"选项时，可以在导航窗格中查看该文档的所有页面的缩略图，单击缩略图便能够快速定位到该页文档。

⑩ "屏幕截图"图标按钮，位于主窗口上方的"插入"选项卡中"屏幕截图"图标按钮具有将截图即时插入到文档中，无需安装专门的截图软件，也不需要按键盘上的 Print Screen 键。

⑪ SmartArt 图表，这个很酷的 SmartArt 功能，可以轻松制作出精美的业务流程，且系统中有大量的模板，新类别，提供了更丰富多彩的各种图表绘制功能；利用 Word 2010 提供的更多选项，你可以将视觉效果添加到文档中，可以从新增的"SmartArt"图形中选择，在数分钟内构建令人印象深刻的图表，SmartArt 中的图形功能同样也可以将点句列出的文本转换为引人注目的视觉图形，以便更好地展示你的创意。在"插入"选项卡中单击"SmartArt"图标按钮即可打开图表选择窗口，在此选择你需要的图标。

2. 应用模板

模板，顾名思义，就像做东西的模具，是已给你设计好的可供直接选用的对象，这里所说的模板是指 Microsoft Word 中内置的包含固定格式设置和版式设置的模板文件，用于帮助用户快速生成特定类型的 Word 文档。在 Word 2010 中除了通用型的空白文档模板之外，还有内置的多种文档模板，如博客文章模板、书法模板等。另外，Office 网站还提供了证书、奖状、名片、简历等特定功能的模板，借助这些模板用户可以创建比较专业的 Word 2010 文档。

关于模板的应用方法是，根据需要，先打开"文件"选项卡，选择"新建"选项组，如图 5-3 所示。在内置的"可用模板"对话框中，选取一种模板样式，如"博客文章"，点击"创建"按钮即可打开一个模板文件。

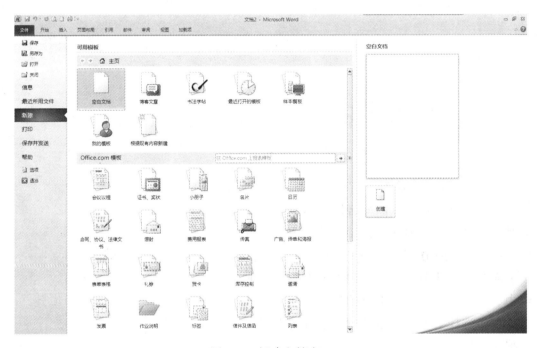

图 5-3   新建文档窗口

3. 新建文档

（1）创建空白文档

Word 文档是文本、图像等对诸多对象的载体，要实现对文档的操作，首先要创建新文档，新建一个空白文档的主要方法有：

① 启动 Word 2010，按 Ctrl+N 组合键。

② 在启动 Word 2010 后，单击"文件"选项卡，选择"新建"得到如图 5-3 所示，然后选择"新建"组中"可用模板"项目，选择"空白文档"模板，然后单击"创建"按钮，得到如图 5-4 所示的空白文档编辑窗口。另外，也可根据文书的需要利用模板创建一新文档。

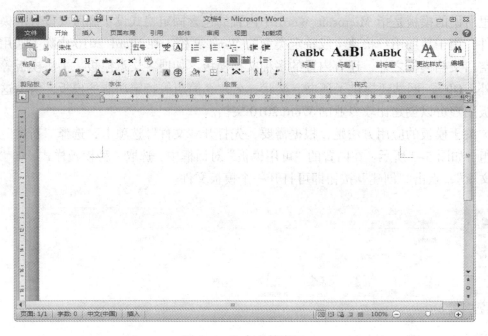

图 5-4　空白文档窗口

（2）纸张方向设置

要将文档设置成纵向或者横向布局，就需要对文档进行页面方向的设置，即设置纸张方向。在 Word 2010 新建文档工作窗口中，单击"页面布局"选项卡，选择"页面设置"选项组中"纸张方向"按钮下方的箭头选项，从下拉菜单中选择"纵向"默认的纸张方向设置，如图 5-5 所示。

（3）页边距设置

Word 文档在纸张的四周会留出一定的空

图 5-5　张纸方向设置

隙，这样的效果是让编排和打印出来的文档显得美观，设置纸张空隙就是设置页面边距，根据不同的文书的排版要求会有不同的页边距设置，从而实现不同的排版和打印效果。

在 Word 2010 新建文档工作窗口中，单击"页面布局"选项卡，选择"页面设置"选项组中"页边距"按钮下方的箭头选项，得到如图 5-6 所示，从下拉菜单中选择"普通"默认的页边距参数设置项，若是依文书格式的需要也可选择非"普通"参数设置项或自定义边距参数项，当选择了"自定义边距参数项"时会弹出一个对话框如图 5-7 所示，在该对话框窗口中可进行页边距设置、纸张大小设置及版式设置等，这里纸张大小设置功能操作的效果如同在"页面布局"选项卡中页面设置选项组中的"纸张大小"按钮下拉菜单如图 5-8 所示效果一致。

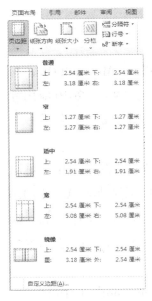
图 5-6　页边距设置

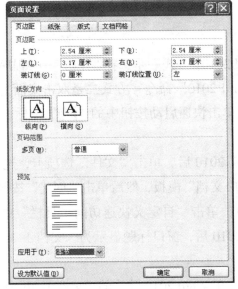
图 5-7　自定义页边距对话框

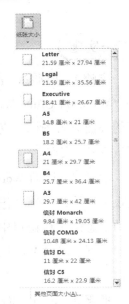
图 5-8　纸张大小下拉菜单

4. 命名与保存文档

当对 Word 新文档的页面作了基本设置后，一个新文档的整体布局就确定下来了，随着后续文档内容的录入后效果就会很明显，在编辑之前我们可以将文档的文件名设定好，并加以保存，这样一个新文档就算建立起来了。

对文档的命名，首先是选定一个合适的文档义件名，一般是按所编排的文档内容命名文档文件，例如本任务中所用文档文件名称可以命名为"企业招聘简章.docx"，这样命名是为了方便理解与记忆所编排的文档。

保存文档的方式一是：在 Word 2010 新建文档工作窗口中，单击主窗口左上角的"自定义快速访问工具栏"中的"💾"图标；方式二是：在 Word 2010 新建文档工作窗口中，单击"文件"选项卡，选择"文件"组中"保存"选项，这两种方式都将会弹出一个"另存为"对话框，在该"另存为"对话框中，确定好文件存储路径、文件名及保存类型，然后单击"保存"按钮，如图5-9 所示。

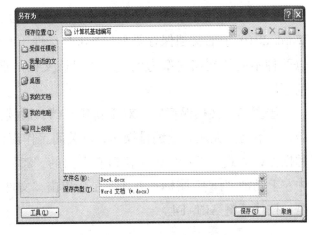
图 5-9　"另存为"对话框

任务实施

步骤 1 启动 Word 2010，方式一是选择"开始"→"程序"→"Microsoft Office"→"Microsoft Office Word 2010"命令；方式二是双击桌面上的"Word 2010 应用程序的快捷方式图标"或单击快速启动按钮中的"W"图标；方式三是打开任意一个Word 2010 文件。

步骤 2 启动 Word 2010 后，单击"文件"选项卡，选择"新建"组中"可用模板"项目，选择"空白文档"模板，然后单击"创建"按钮。或者是在 Word 2010 启动状态的工作窗口中，单击"自定义快速访问工具栏"中"新建"图标 。默认状态下，启动 Word 2010 后，窗口标题显示为"文档 1-Microsoft Word"文档主题名称。

步骤 3 设置页面，在 Word 2010 默认的"文档 1-Microsoft Word"工作窗口中，单击"页面布局"选项卡，分别选择"页面设置"组中的"纸张大小"、"纸张方向"及"页边距"三项功能，完成对页面布局的简单设置，一般情况下，所编辑的文档没有特殊要求，可将这些设置选为默认的方式设置，本例中这三项的设置均为默认设置。

步骤 4 文档保存，完成新建文档及页面的简单设置后，就要将新文档以文件形式保存起来。在 Word 2010 工作窗口中，单击"文件"选项卡，选择"保存"选项，在弹出的"另存为"对话框中，分别确定"文件存放路径名"、"文件名称"及"保存类型"，然后单击"保存"按钮，如图 5-9 所示。

在这个任务中，文件存放路径确定为"E 盘\计算机基础编写"、文件名称确定为"企业招聘简章"、文档保存类型确定为".docx"，为了文件格式的兼容性也可选择"Word 97-2003 文档"类型，这样做是为了方便较低版本的使用，本处选用Word 2010 中的文档保存类型"Word 文件（*.docx）"，读者可在自己的工作机上以两种不同的文档类型为例，完成对该文档的保存，并体会这两种文档表现形式的不同。

步骤 5 文档保存后，对于新建文档，后续任务就是输入文档内容进行编辑排版，若不马上完成后续编排操作，可关闭工作窗口退出 Word 2010，退出 Word 2010的操作，方式一是：单击主窗口右上角的"⊠"关闭按钮；方式二是：双击主窗口中左上角的"W"图标；方式三是：单击"文件"选项卡中"退出"命令；方式四是：按快捷键 ALT+F4。

○── 经验提示

在进行文档保存时，若是第一次执行保存操作，则选择"文件"选项卡中的"保存"命令或"另存为"命令，呈现的操作界面会是一样的，即都会弹出"另存为"对话框，接下来完成的操作步骤就一样，但是当第一次保存以后再执行保存操作，则选择"保存"命令不会弹出"另存为"对话框，只有选择"另存为"命令才会有"另存为"对话框出现，此种方法可方便实现对文档重新命名存储，若是不需要重新命名存储或不需要改换存储路径，或不需要改变存储文件的文档保存类型就可以直接选择"保存"命令。

另外最直观地保存操作是，选择"自定义快速访问工具栏"中的保存图标"█"。此种操作方法的前提是，只有在"自定义快速访问工具栏"中设置呈现出了该保存功能图标才可方便引用，建议用户在使用 Word 时，将类似于保存、新建等图标设置为可用状态，即在"自定义快速访问工具栏"中把它呈现出来，可方便直观地使用与操作。

设置"自定义快速访问工具栏"中的功能图标方法是：鼠标单击"自定义快速访问工具栏"右下角的"下三角按钮"，如图5-10 所示。

然后对需要呈现的功能图标只需要在相应的功能名称前面打上"√"即勾选操作即可，相应地，当不需要某项功能图标呈现，只需再次单击该图标去掉"√"。

图 5-10　自定义快速访问工具栏的下拉列表

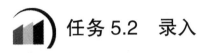 任务 5.2　录入

【任务描述】

向文档中输入文本信息是 Word 中的一项基本操作，在对文档进行编辑前，必须完成对编辑对象的输入操作，本任务按效果图 5-11 所示内容，完成对文档的基本录

入操作，在本例的录入过程中只涉及文字的录入、一些标点符号的输入以及页眉页脚的设定，至于一些其他文档对象的录入将在后续的项目中进行详细讲解和使用。

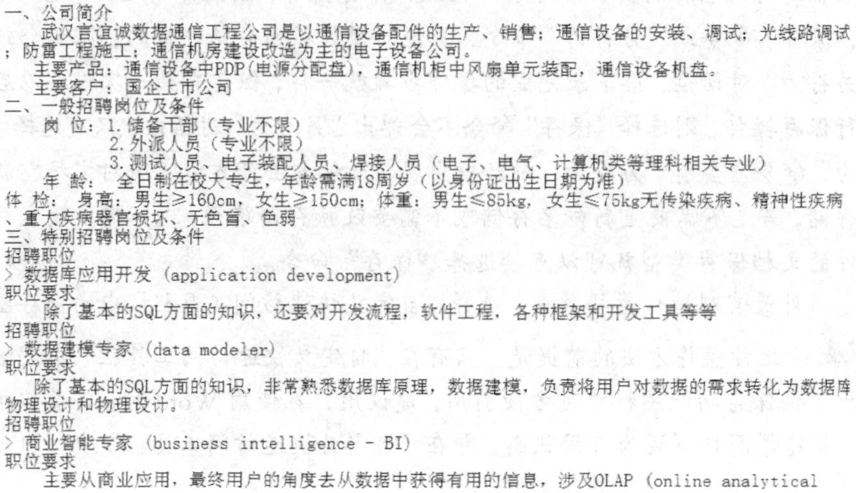

一、公司简介
　　武汉言谊诚数据通信工程公司是以通信设备配件的生产、销售；通信设备的安装、调试；光线路调试
；防雷工程施工；通信机房建设改造为主的电子设备公司。
　　主要产品：通信设备中PDP（电源分配盘），通信机柜中风扇单元装配，通信设备机盘。
　　主要客户：国企上市公司
二、一般招聘岗位及条件
　　岗　位：1.储备干部（专业不限）
　　　　　　2.外派人员（专业不限）
　　　　　　3.测试人员、电子装配人员、焊接人员（电子、电气、计算机类等理科相关专业）
　　年　龄：全日制在校大专生，年龄需满18周岁（以身份证出生日期为准）
体　检：　身高：男生≥160cm，女生≥150cm；体重：男生≤85kg，女生≤75kg无传染疾病、精神性疾病
、重大疾病器官损坏、无色盲、色弱
三、特别招聘岗位及条件
招聘职位
＞ 数据库应用开发（application development）
职位要求
　　除了基本的SQL方面的知识，还要对开发流程，软件工程，各种框架和开发工具等等
招聘职位
＞ 数据建模专家（data modeler）
职位要求
　　除了基本的SQL方面的知识，非常熟悉数据库原理，数据建模，负责将用户对数据的需求转化为数据库
物理设计和物理设计。
招聘职位
＞ 商业智能专家（business intelligence - BI）
职位要求
　　主要从商业应用，最终用户的角度去从数据中获得有用的信息，涉及OLAP（online analytical

图 5-11　编辑输入的效果

知识准备

1. 录入文字

　　在编排文档前，最基本的一个操作是为新建 Word 文档输入内容，在输入各项内容前，首先得确定在什么位置插入，即文本插入点的位置确定。在新建的文档主窗口中，在文档的起始位置将出现一个闪烁的光标，称为"默认的插入点"，通常的插入点是任意的，即当前光标所在闪烁处。在 Word 中完成文本的输入都将需要先确定插入点，插入点默认位置是文档的首行第一列位置，即工作窗口编辑区中的最左上角。

　　当确定了插入点的位置后，选择一种输入法，即可在页面开头位置按手写稿或腹稿内容进行文字录入，每输入完一行文字，Word 会自动对文本换行，在录入过程中不要随便增加回车换行符，只有当一个段落结束时才需要按 Enter 键，并会在文档中呈现段落符号标志"↵"。

2. 插入符号

　　在录入过程中，要用到一些标点符号的输入，中文输入状态下的中文标点符号可通过 Word 中"插入符号"的方式录入，也可以通过右击某输入法指示器图标中的软键盘，在弹出的快捷菜单中将一些符号输入进去，包括标点符号、数字序号、数学符号、单位符号等。

　　在 Word 2010 工作窗口中，单击"插入"选项卡，选择"符号"组中的"符号"

功能选项，单击"符号"选项下方的下三角按钮，如图 5-12 所示，按需求选择当前窗口中的符号，单击待录入的符号图标即可把该符号录入到当前文档的插入点位置完成符号的录入，对于图 5-12 所示的窗口中若有用到但又没有的符号图标，就可单击"Ω 其他符号(M)..."图标，呈现对话框如图 5-13 所示，在该窗口中进行选择录入。

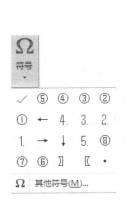

图 5-12　符号按钮下拉列表　　　　图 5-13　其他符号对话框

3. 添加页眉页脚

页眉和页脚位于文档中的每个页面的顶部和底部的区域，通常用于显示文档的附加信息，例如单位名称、徽标、作者姓名、日期、页码及章节名称等。根据不同类型文书处理的要求，用户可根据自己的需要在页眉和页脚中插入文本或图画，本任务中，要求为每个页面的文档添加一幅"企业的 LOGO 及企业名称"。

在 Word 2010 工作窗口中，单击"插入"选项卡，选择"页眉和页脚"选项组中的"页眉"选项，单击"页眉"选项下方的下三角按钮，如图 5-14 所示。在该窗口中，根据需要选取所需的"内置页眉"样式，若要重新编辑页眉，可选择图 5-14 中的"编辑页眉"功能选项，得到如图 5-15 所示，在弹出的"页眉编辑"窗口中完成相应的设置，在本例中，是将一幅事先准

图 5-14　页眉下拉菜单

113

备好的"企业的 LOGO 标志图"的图片设置成图片页眉，插入到本文档中作为页眉录入，同时页眉中还加入了企业的名称。

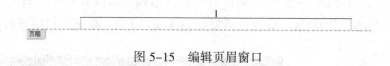

图 5-15 编辑页眉窗口

任务实施

步骤1 打开新建的 Word 2010 文档，在该工作窗口中，首先确定插入点，在文档的首行首列位置，选取一种输入法，按样文内容输入"招聘简章"文书的各级标题，回车换行后输入各段落的样文文字，如图 5-11 中的相关文字及符号等内容，其中样文中部分文字前面的带圈数字符号的输入方法是，单击"插入"选项卡"符号"组中的"Ω符号"图标后，在"符号"对话框中，选择"符号"选项，字体（F）集选"普通文本"，子集（U）选"带括号的字母数字"，再通过移动上下滑块翻看查找所需的符号，点击"插入"即可完成其他符号的输入。

步骤2 完成文字及符号的基本文书内容的录入后，接下来为文档添加页眉和页脚。输入页眉，在 Word 2010 的工作窗口中，单击"插入"选项卡，选择"页眉和页脚"中的"页眉"功能选项，在弹出的"内置页眉"设置窗口中，选取"编辑页眉功能（E）"，如图 5-15，在当前光标位置，再次单击"插入"选项卡，选择"插图"组中的"图片"功能选项，如图 5-16 所示，在"插入图片"对话框中，根据提供的图片文件正确选取图片所在的文件位置及文件名。

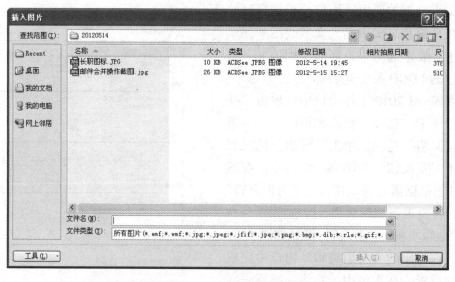

图 5-16 插入图片对话框

步骤 3 接下来设置页脚，在当前页眉页脚设置状态下，如图 5-17，在未退出页眉页脚操作时，单击"页眉页脚工具设计"选项卡中的"导航"组中的"转至页脚"图标，即可转入页脚的编辑状态，在当前插入点可直接输入页脚内容，或是单击"插入"选项卡中"页眉和页脚"选项组中的"页脚"按钮图标，得到如图 5-18 所示页脚下拉菜单，在此可进行相应的选择设置即可输入页码等内容，此处页码输入也可由关闭了页眉页脚功能后，直接单击"插入"选项卡"页眉和页脚"组中的"页码"图标，可同样得到图 5-19 所示。这里是以图片形式加文字标识存放的页眉和以"页码加招聘专用"字样为页脚的文本信息，若是对于文字符号内容的页眉或页码设置只需在打开页眉页脚输入状态下，直接输入就可以。

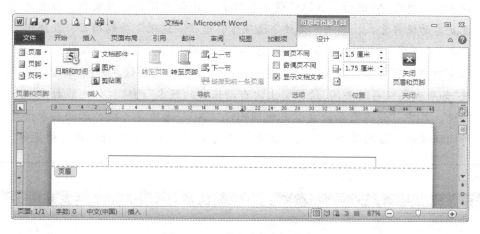

图 5-17　页眉页脚编辑状态

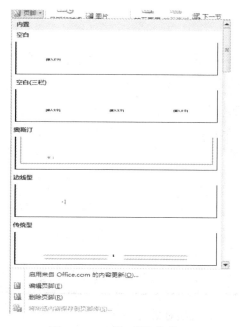

图 5-18　页脚下拉菜单　　　　　　图 5-19　页码下拉菜单

　　当对上述样文内容的输入后，要及时保存所录入的内容，点击"自定义快速访问工具栏"中的保存图标"🖫"即可快速保存所录入的文档，也可通过"保存"或"另存为"功能选项完成保存操作。

○──── 经验提示

　　在进行文档录入时，一定要记得及时保存所作的录入操作，在录入完成后按保存图标"🖫"是最方便的保存操作，当然也可设置自动保存方式，单击"文件"选项卡，选择"选项"功能项目，在弹出的"Word 选项"对话框窗口中，如图 5-20 所示，选取"保存""🖫"是最方便的保存操作，当然也可设置自动保存方式，单击"文件"选项卡，选择"选项"功能项目，在弹出的"Word 选项"对话框窗口中，如图 5-21 所示，选取"保存"操作，在该工作窗口中，将"保存文档"复选框中的"保存自动恢复信息时间间隔（A）"及"如果我没保存就关闭，请保留上次自动保留的版本"两项操作功能打上"√"勾选，其中"保存自动恢复信息时间间隔（A）"选项是可按自己的要求设置时间间隔的，最后单击"确定"按钮，即可完成让 Word 自动保存文档操作。

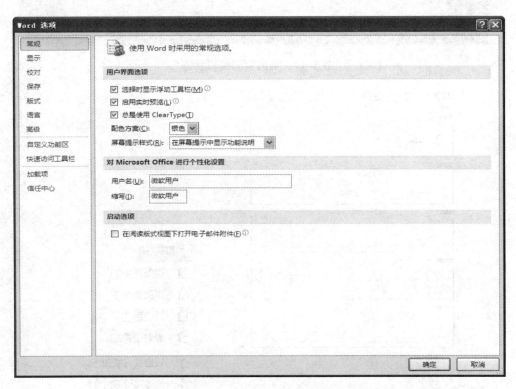

图 5-20　文件选项对话框

图 5-21   文件选项窗口中的保存设置

知 识 拓 展

分节、分页的应用

设置分节符（分页符）的方法：

第 1 步，打开 Word2010 文档窗口，将光标定位到准备插入分节符的位置。然后切换到"页面布局"功能区，在"页面设置"分组中单击"分隔符"按钮。

第 2 步，在打开的分隔符列表中，"分节符"区域列出 4 种不同类型的分节符，选择合适的分节符即可，类似地可设置分页符。

在 Word 2010 中，分节符（分页符）可在除阅读版式以外的任何一种文档视图中显示，在"普通"视图中，双虚线代表一个分节符。如果你想在页面视图或大纲视图中显示分节符，只需选中"常用"工具栏中的"显示/隐藏编辑标记"即可。

任务 5.3   编辑

任务描述

当完成了文档中文本内容的录入后，接下来就是对某些文档内容进行基本编辑，本任务中将主要介绍在文档编辑中经常用到的几项基本操作，包括插入点的定位，对文档中内容进行选择操作，在文档中按需求选择文字或文字块内容，对文档内容进行复制、删除或修改等操作，查找与替换内容，为文档中插入批注形式以体现一种编辑过程等。

本任务按效果图 5-22 中的内容所示，完成对文本的选择、修改、删除、添加批注、对文档内容进行复制、粘贴等操作。更复杂的设置操作将在后续的综合项目中加以运用与体现。

图 5-22　编辑文档

知识准备

1. 定位与选择文档的内容

在确定插入文本的位置，即插入点的定位时，可按如下方法进行：

① 用鼠标快速移动到插入点，单击文本中的所要定位的某一位置处即可。

② 运用键盘按键可直接快速地控制插入点在文档中的移动和定位，操作方法如表 5-2 所示。

表 5-2　　　　　　　　　　　　　　**插入点移动快捷键**

按　键	功能描述	按　键	功能描述
←	左移一个字符	Ctrl + ↑	上移一段
↑	上移一行	Ctrl + ↓	下移一段
→	右移一个字符	PageUp	向前翻一屏
↓	下移一行	PageDown	向后翻一屏
Ctrl + →	右移一个字	Ctrl + PgUp	上移至窗口顶部
Ctrl + ←	左移一个字	Ctrl + PgDn	下移至窗口底部
Home	移到行首	Ctrl + Home	移到文档开头
End	移到行尾	Ctrl + End	移到文档结尾

③ 选择"编辑"组中"替换"按钮或是单击"导航"窗格中的"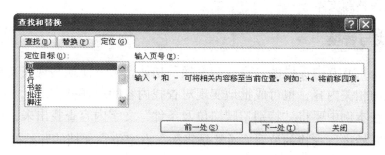"图标，得到如图 5-23 所示对话框，选择"定位"选项，在"定位"对话框中输入或选择一个定位内容后，Word 将快速地把插入点定位到指定的位置。

图 5-23　查找与替换对话框中定位选项

一般对文档的编辑处理时，无论是复制、删除、替换还是移动文本，都必须先实现对文本内容的选择操作，按选择文本的多少，可分为选择一行、选择一段、选择任意数量的文本或是选择整篇或多篇文本，以下就文本选择作简要描述，在不同版本的操作中这项操作没有多大变化，但它是所有编排操作所必需的一个步骤。

打开新建的 Word 2010 文档"招聘简章"样文，在该编辑状态窗口中，选择要查找的文字内容，例如"特别招聘岗位及条件"这一行文字，选择操作的方法主要有：

① 将鼠标光标移到该行左侧的空白处，当光标变成" "箭头形状时单击，即可选择整行文本。

② 将鼠标光标移到该行左侧的第一个文字处，按住鼠标左键拖动鼠标至行尾即可选择整行文本。

要选择一段文本，例如将本例中的第二段全部选中，操作方法主要有：

① 将鼠标光标移到该段落左边的空白处，当光标变成" "箭头形状时双击，即可选择整段文本。

② 在该段落文本中的任意文字位置，连续单击鼠标三次即可选择整段文本。

③ 在该文本段落的段首按住鼠标左键不放并拖动鼠标至段落的段末再释放鼠标即可选择整段文本。

要选择任意数量的文本内容，例如将本例中的第二段第一行、第三行、第四行文本选中，操作方法主要有：

先用鼠标按上述方法选中第一行，然后按住 Ctrl 键不放，再按单行文本的选择方法依次选中第三行、第四行，即可完成任意数量的文本选择操作。

要选择整篇文本，操作方法主要有：

① 将鼠标光标移到该文档左边的空白处，当光标变成" "箭头形状时连续

单击三次，即可选择整篇文本。

② 按 Ctrl+A 组合键即可选择整篇文本。

③ 将鼠标光标移至文本的起始位置，然后按住 Shift 键不放，单击文本末尾位置，即可选择整篇文本。

2. 查找与替换

运用 Word 2010 中提供的"查找与替换"功能，可方便地实现在文档中迅速定位所要查找的相关内容，也可成批地实现对查找内容的替换操作。

例如，在本例中要将"特别招聘岗位及条件"文字内容查找出来，可将插入点定位在需要开始进行查找的位置（通常是将插入点定位在文档的开始处），单击"开始"选项卡，选择"编辑"组中的" 查找 ·"图标右下角的下三角按钮，在弹出的下拉菜单选项中选"查找（F）"功能选项，如图 5-24 所示。

在"导航"对话框窗口的查找文本框中输入"特别招聘岗位及条件"文字内容，单击该文本框最右侧的" "按钮，呈现如图 5-25 所示。

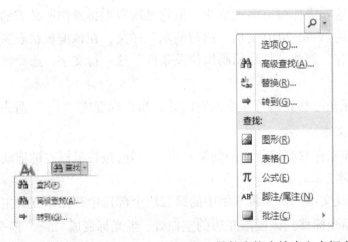

图 5-24　查找下拉列表　　　图 5-25　导航窗格中搜索文本框右下角下拉列表

选择" 替换"功能选项，得到如图 5-26 所示的查找和替换对话框。

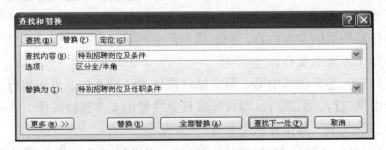

图 5-26　查找和替换

在"替换为（I）"的文本框中输入要替换的文字内容，如"特别招聘岗位及任职条件"，然后单击"查找下一处"按钮开始查找，如果文档中有被查找的字句，找到后会显示该页面，并且找到的字句会被选中，此时继续单击"查找下一处"按钮，可依次显示被查找到的对象，并加以逐一反黑显示直到所有的文本内容查找完毕，查找结束时，会报告如图 5-27 所示消息，至此一次查找操作完成，虽说是一次操作却可完成成批的查找，同样，在图 5-26 中当完成全部查找后，再单击"全部替换"按钮，则可实现成批的替换操作，系统会报告已完成替换的消息对话框。此时单击对话框中"确定"按钮，然后单击"查找和替换"对话框中"关闭"按钮，即完成一次查找和替换操作，实现了成批查找与成批替换的操作。

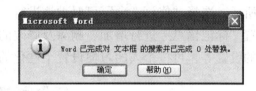

图 5-27 查找和替换结束对话框

3. 修订与批注

用 Word 进行编辑文档时可方便地做出对文档内容的批注和修订，并方便用户实现审阅交流文档内容，在本例中，将要完成对文档中部分内容的修改加以修订运用到添加批注，方法是：

（1）添加批注

批注是作者或审阅者给文档添加的注释或注解信息，通过查看批注可更加方便审阅者交流文档修订内容，让用户更加清楚地了解某些文字的背景信息。使用批注，首先可将批注功能打开，操作方法是，先切换选项卡到"审阅"，然后在"修订"组功能中单击" 显示标记 ▾"按钮图标中的下三角，得到如图 5-28所示，将"批注"项勾选，即完成了对批注内容能在文档中加以显示。

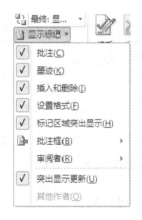

图 5-28 显示批注对话框功能

添加批注的方法是：

① 选择要对其进行批注的文本，或是将插入点移至被批注的文本的末尾处。

② 在功能区"审阅"选项卡的"批注"工具组中，单击"新建批注"按钮，在批注编辑框中或在"审阅窗格"中输入批注的文本内容即可。

例如，要给样文中的文字"特别招聘岗位及条件"添加一个批注，并显示改为"特别招聘岗位及任职条件"，方法是单击"审阅"选项卡中"批注"组中"新建批注"命令，得到如图 5-29 所示，在弹出的批注对话框中加入批注信息即可。

特别招聘岗位及条件

批注 [微软用户1]: 特别招聘岗位及任职条件

图 5-29 批注对话框

（2）修订与设置批注内容

运用上述图 5-29 所示的窗口操作功能，输入要批注的文本信息就可完成对批注的添加。对于批注功能在 Word 2010 中已内置有一些修改设置工具，单击如图 5-30 所示，选择"修订选项"可对批注进行个性化的修改设置，如图 5-31 所示，如设置"标记信息"进行增加、删除及修改的内容的标记线型及颜色，对"移动"标记的设置等，可按个人的习惯设置个性化的批注信息。

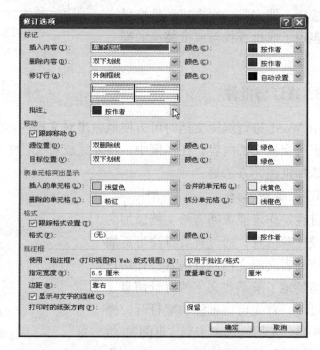

图 5-30 修订功能的下拉列表　　　　图 5-31 修订选项设置对话框

（3）删除批注

如果文档中已插入了批注，有时又希望将批注中那些自动显示的批注内容如作者姓名文档属性和个人信息等删除，但批注仍然保留，在 Word 编辑中实现的操作方法是：

① 打开文档，单击功能区"文件"选项卡，选择"信息"选项中的"检查问题"功能选项命令，在弹出的快捷菜单中选"检查文档"菜单项，选择"Y（是）"按钮实现文档保存后，打开如图 5-32 所示对话框。

② 在图 5-32 所示对话框中，确定"文档属性和个人信息"复选框处于选中状态在，然后单击右下角的"检查"按钮，打开如图 5-33 所示对话框。

图 5-32　文档检查器对话框　　　　图 5-33　文档检查操作后的对话框

根据文档中的内容的不同，该对话框的结果信息会有所不同，如果是文档中含有批注，那么在"文档属性和个人信息"栏目的右侧会显示提示有"全部删除"信息的按钮字样，单击该按钮，并再单击下方的"重新检查"按钮，然后保存文档并将文档关闭，当再次打开该文档后，批注中的批注信息存在，但文档属性中的个人信息就会被删除掉了不再呈现。

任务实施

步骤 1　打开新建的 Word 2010 文档，在该工作窗口中，要选取一个文本块内容，如"一般招聘岗位及条件"，单击"导航"窗格中"搜索文档"文本框，在文本框中输入"一般招聘岗位及条件"，此时可见文档中就用黄色呈现了被找到的文本块，此时通过鼠标移动到第一个文本块位置即可定位到所需的文档内容。

步骤 2　在新建的 Word 2010 文档中查找"公司简介"并替换为"言谊诚公司简介"在该工作窗口中，单击"编辑"组中"替换"图标，在弹出的"查找和替换"对话框中输入待查找的内容：公司简介，在替换选项的文本框中输入：言谊诚公司简介，然后单击"替换"按钮即可完成查找与替换操作。

步骤 3　添加批注，在打开新建的 Word 2010 文档工作窗口中，将光标置于文档第三段首行左侧，鼠标拖动选中文本块"特别招聘岗位及条件"，然后单击"引用"选项卡中"插入批注"，即为文档添加一个批注，接下来在批注文本框中输入内容将文字修改为"特别招聘岗位及任职条件"。

步骤 4　在编辑状态下，按批注进行修订文档内容，在批注所在位置直接输入新修改的文字内容，如"特别招聘岗位及条件"。单击"审阅"选项卡中"更改"组中的"接收修订"按钮，即可完成修订操作，注意本处修订操作可借助查找与替换操作完成。

○— 经验提示

在进行文档内容的选择时，若将鼠标和键盘结合使用，并运用组合键功能，可方便快捷地实现选择操作，如运用 Word 窗口功能区"开始"选项卡中的"编辑"组的选择功能选项 ，如图 5-34 所示，选择不同的选择方式操作，可实现全选操作或区域选择。

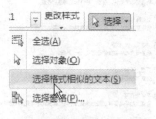

图 5-34　编辑组中选择功能

任务 5.4　排版

任务描述

在运用 Word 进行编排文书中，对文档内容的排版是一个重要环节，它涉及的操作内容较多，如对字体及段落进行格式化、设置段落边框与底纹、加入项目符号、设置首字下沉、设置页面背景、设置分栏效果等，在本任务中将按照样文所示，实现对"公司招聘"文档的排版操作，以期达到效果图 5-35 所示。

图 5-35　排版效果图

知识准备

1. 设置底纹与边框

打开已编辑的文档，单击"页面布局"选项卡，然后在"页面背景"选项组中选"页面颜色"图标按钮，如图5-36，在其弹出的对话框中，选一种页面颜色样式，单击鼠标即可完成页面背景的设置操作。

设置段落边框，先选中待设置边框的段落文字，本例中选第3段，单击"页面布局"选项卡"页面背景"选项组中的"页面边框"图标按钮，在其弹出的如图5-37所示中，选择"边框"选项，在"应用于"文本框中通过下拉按钮选择"段落"，然后单击"确定"按钮即可完成段落边框的设置。

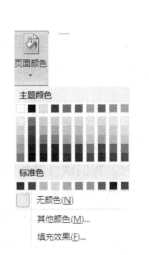

图5-36　页面颜色下拉菜单　　　　图5-37　页面边框设置

2. 设置字体

在Word文档中输入的文本默认的是"宋体，五号"，如果不对文本格式进行设置，则不能突出重点也没有美观可言了，这里就文本字体的格式加以阐述。

对于文本可进行字体、字形、字号及颜色的设置，方法如下：

使用字体对话框，这种方法可以对字体设置有特殊要求，如要求设置字体为空心、阳文等字体效果，使用方法是：选中待设置的文本内容，选择"开始"选项卡中的"字体"工具组右下角的对话框启动器，在打开的"字体"对话框如图5-38中有两个选项卡，"字体"和"高级"。

选"字体"选项卡，可设置字体、字形、字号、字体颜色及特殊效果等；如在图5-38中选"高级"选项卡中的"字符间距"选项，可调整文字间的间隔距离，如图 5-39 所示；最后单击"确定"按钮，即可完成对文本中字体设置操作。

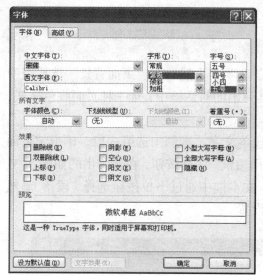

图 5-38　字体设置对话框　　　　图 5-39　字体对话框中高级选项功能

3. 格式刷应用

格式刷是 Word 中非常强大的功能之一，有了格式刷功能，我们的工作将变得更加简单省时。在给文档中大量的内容重复添加相同的格式时，我们就可以利用格式刷来完成。在粘贴的旁边 🖌 工具，在应用时，若是只用一次，刚单击一下该工具，若是想在文档中多次重复使用，就要双击该格式刷工具，这样子鼠标左边就会永远出现个小刷子，实现多次格式化操作，不需要时只需再单击一下那个格式刷工具或按键盘上的 Esc 键。应用格式刷的操作很简单：先用光标选中文档中的某个带格式的"词"或者"段落"，然后单击选择"格式刷"，接着单击想要将它们替换格式的"词"或"段落"，此时，它们的格式就会与开始选择的格式相同。

4. 设置段落

文档中添加段落是为了增加文档的可读性，使得文档层次分明、结构清晰。段落是 Word 中独立的信息单位，每个段落的结尾处都有段落标记，段落标记包括了本段落的全部格式。一次按回车操作就是表示要开始一个新的段落，段落具有向前继承前续段落的格式。

段落格式化操作方法，如同字体格式化，也有两种方式：

① 运用"字体"工具栏中工具图标。

② 使用字体对话框。

运用段落格式化，可实现对段落的对齐方式的设定，操作方法是：

先将插入点置于要居中的标题段落中，或是选中要居中的标题或段落，单击工具栏段落组中的"居中"按钮，如图 5-40 所示，即可获得如图 5-41 所示设置效果。

图 5-40　居中对齐效果

主要产品：通信设备中 PDP(电源分配盘)，通信机柜中风扇单元装配，通信设备机盘。

图 5-41　居中对齐效果

设置标题居中后，接下来设置正文段落的排版格式，选中正文，单击工具栏的"两端对齐"按钮，选中要居右的文本内容，例如签署的名称或日期等字样，然后单击工具栏的"文本右对齐"按钮，各段落设置对齐方式后的结果如图 5-42 所示。

主要产品：通信设备中 PDP(电源分配盘)，通信机柜中风扇单元装配，通信设备机盘。

图 5-42　右对齐效果

要精确地设置段落的首行缩进或悬挂缩进，可以使用"段落"对话框，方法是：选择需要设置段落格式的段落，单击"段落"工具栏中右下角的下三角对话框启动器，如图 5-43 所示的"段落"对话框，主要有"缩进和间距"、"换行和换页"和"中文版式"三个选项卡。

(a) 缩进和间距　　　　(b) 换行和换页　　　　(c) 中文版式

图 5-43

127

在"缩进和间距"选项卡中可对段落的对齐方式、左右边距缩进量、与其他段落间距进行设置。

在"换行和换页"选项卡中可对分页、行号和断字进行设置。

在"中文版式"选项卡中可对中文文稿的特殊版式进行设置，完成后单击"确定"按钮应用设置。

5. 设置项目符号

项目等号是指添加在段落前的符号，用于明确表达内容间的并列关系，使文档条理清晰、重点突出，在 Word 2010 中添加项目符号的方法有：

（1）在输入文本时自动添加上项目符号

首先将光标定位在待插入项目符号的位置，然后单击"开始"选项卡，再单击"段落"选项功能组中的"项目符号"按钮右侧的下拉按钮，得到如图 5-44 所示的下拉列表框。

在弹出的下拉列表中选择所需要的项目符号样式，则所选项目符号就插入到当前光标所在位置，然后输入需要输入的文字。当一段文字输入完毕后按回车键，即可在下一行自动地产生所插入的项目符号，操作如图 5-45 所示。

➤ 数据库应用开发 (application development)

图 5-44　项目符号设置　　　　　图 5-45　项目符号设置效果

（2）在已编辑的文本段落中为选定文本添加项目符号

选择已输入的文本段落，然后单击"项目符号"按钮右侧的下拉按钮，如图 5-46 所示。从弹出的下拉列表中选择合适的项目符号，对其单击，即可将所选定的段落文字加上相应的项目符号标记。

有时候不想运用内置的项目符号，也可通过用户自定义默认的项目符号之外的符号标识，对段落添加自定义的项目符号的方式有：

① 自定义符号式的项目符号

图 5-46　项目符号下拉列表

先选中待添加项目符号的段落，单击"开始"选项卡中的"段落"工具组选项中的"三 ▾编号"按钮右侧的下拉按钮，在下拉列表框中单击"定义项目符号"按钮，弹出如图 5-47 所示的对话框。

在"定义新项目符号"对话框中单击"符号"按钮，此时弹出如图 5-48 所示的"符号"对话框，在"符号"对话框中选择所需的符号，然后单击"确定"按钮，返回到"定义新项目符号"对话框，即可预览所设置的效果，然后单击"确定"按钮。

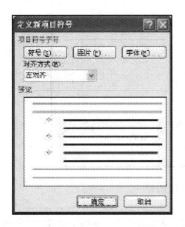
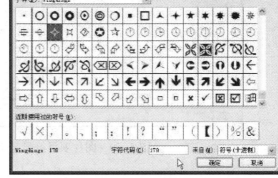

图 5-47　定义新项目符号　　　　图 5-48　项目符号中符号定义对话框

返回到文档中，即可看到所选段落已经应用了该样式，再次单击"项目符号"按钮右侧的下拉按钮，在弹出的下拉列表中就可看到此前所设置的样式。

② 自定义图片式的项目符号

接上述操作，在"定义新项目符号"对话框中单击"图片"按钮，此时弹出如图 5-49 所示的"图片项目符号"对话框。

在弹出的"图片项目符号"对话框中选择需要的符号，也可单击"导入"按钮来导入新的图片进来，选择结束后单击"确定"按钮返回到"定义新项目符号"对话框即可预览所设置的效果，最后单击"确定"。

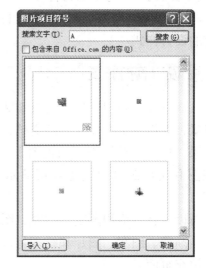

图 5-49　图片项目符号中符号定义对话框

经过这样的设置后，返回到当前文档中即可看到所选段落已经应用到该新定义的样式，再次单击"项目符号"按钮右侧的下拉按钮，在弹出的下拉列表中就可看到之前的设置样式。

③ 由外部图片文件制作成的项目符号

若是想将事先以图片文件存储在计算机中的图片作为自定义项目符号，可按照上述操作中的类似地打开"图片项目符号"对话框，单击"导入"按钮，弹击如图 5-50 所示的"将剪辑添加到管理器"对话框。

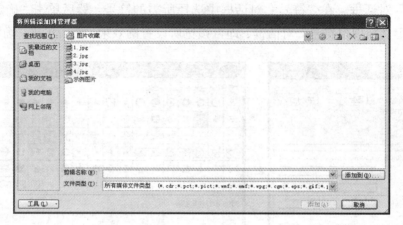

图 5-50　图片项目符号定义对话框

在"将剪辑添加到管理器"对话框中选择需要导入的图片，然后单击"添加到"按钮。返回到"图片项目符号"对话框中即可看见所导入的图片，然后单击"确定"按钮，返回到"定义新项目符号"对话框即可预览所设置的效果，然后单击"确定"按钮。再次单击"项目符号"按钮右侧的下拉按钮，在弹出的下拉列表中就可看到之前的设置样式。

6. 设置页面背景

页面背景主要用于创建更有趣味的 Word 文档背景，对设置了页面背景的文档，要显示其设置效果，应将文档置于页面视图下，在 Web 版式视图和阅读版式视图下也可显示背景设置效果。

可以为背景应用渐变、图案、图片、纯色或纹理。渐变、图案、图片和纹理将进行平铺或重复以填充页面。

编辑为文本段落设置页面背景的方法是：打开 Word 2010 文档窗口，切换到"页面布局"选项卡，在"页面背景"选项分组中单击"页面颜色"按钮，如图 5-51，并在打开的页面颜色面板中选择"主题颜色"或"标准颜"中的特定颜色。

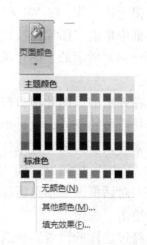

图 5-51　页面颜色下拉菜单

如选"其他颜色"功能得到如图 5-52 所示，如果"主题颜色"和"标准色"中显示的颜色依然无法满足用户的需要，可以在打开的"其他颜色"按钮对话框中，选取"颜色"对话框中的"自定义"选项,并选择合适的颜色,另外打开页面颜色下拉菜单中的填充效果则得到如图 5-53 所示,可进行填充效果的设置,完成后单击"确定"按钮即可。

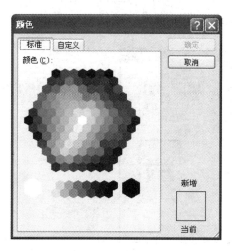

图 5-52 页面颜色设置

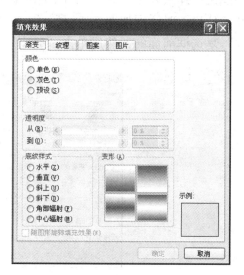

图 5-53 填充效果设置

7. 设置分栏

运用分栏排版,可以创建不同风格的文档,也可合理布置文档内容和节约版面减少留空白。

在 Word 中进行分栏设置有两种方法。

(1)利用"页面设置"工具组中的"分栏"按钮,即所谓的工具法

选取要进行分栏排版的文档,选择"页面布局"选项卡中"页面设置"工具组中的分栏按钮如图 5-54 所示,在弹出的如图 5-55 所示的下拉菜单中选择下拉菜单中的"两栏"命令即可获得把原文分成为两栏效果。

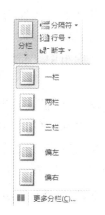

图 5-54 分栏按钮   图 5-55 分栏下拉菜单

（2）利用"分栏"操作的一系列对话框设置

选择要进行分栏的文本，选择"页面布局"选项卡中"页面设置"工具组的"分栏"按钮，弹出如图 5-55 所示的下拉菜单，在下拉菜单中选择"更多分栏"命令，打开"分栏"对话框如图 5-56 所示，在"预设"选项区中选择"两栏"，选中"分隔线"复选框前面的，然后单击"确定"按钮，即可完成该项任务的要求。

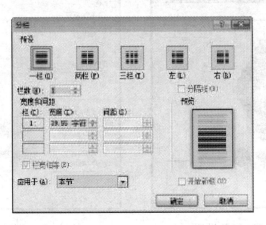

图 5-56　更多分栏对话框

8. 设置首字下沉

在一些个性化的排版中或是特定的文书及杂志中，都会涉及首字下沉的排版效果，为了让文档中的文字具有更加美观个性化，可以使用 Word 中的"首字下沉"功能来让某段的首个文字放大或者更换字体，这样一来就给文档添加了几分美观！首字下沉用途非常广，或许你在报纸上、书籍、杂志上也会经常看到首字下沉的效果。

设置首字下沉的方法是，先确定好要设置首字下沉的那个段落，（注意当位置不合适时，首字下沉按钮将在当前状态下不可用）然后单击"插入"选项卡中的"文本"选项组中"首字下沉"按钮，如图 5-57。

图 5-57　首字下沉按钮

当单击"首字下沉"按钮则得到如图 5-58 所示，在弹出的窗口中可以清楚地看见有三种效果，无、下沉、悬挂，选择某种效果后单击确定按钮就可以将选定的那个段落设置首字下沉效果。当然也可以设置该字的"字体"和"下沉行数"以及"距正文"参数项，当单击首字下沉其他选项时得到如图 5-59 所示对话框，可进行更合要求的设置以期达到更加美观个性化的效果。

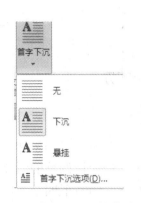

图 5-58 首字下沉下拉菜单   图 5-59 首字下沉选项设置

9. 插图

（1）插入图

一些好的外景图片以文件的形式存储后可在 Word 中以插图的形式加载到文档中，图片的格式可以是.BMP 位图也可以是其他应用程序所创建的图片如.JPEG 压缩格式的图片或是.TIFF 格式的图片等。

在打开的文档中插入图的方法有：

首先将已准备好的要插入的图片文件拷贝到工作机中，创建好文档，完成了纸张设置、文本输入及编辑操作后，确定好插入图的大致位置，切换选项卡到"插入"组功能，如图 5-60 所示的"图片"按钮点击后打开了"插入图片"对话框如前述图 5-50 所示。

图 5-60 插图按钮

（2）编辑图

对插入的图，可进行编辑，运用如图 5-61 所示"图片工具"栏中的"格式"完成一系列的"图片形状、图片边框、图片效果"图片样式设置、"排列"设置完成对图片和文字的环绕，"大小"工具完成对图片的剪裁等操作。

图 5-61 图片编辑工具格式

当图片插入后，为了让图片和文字的布局效果好，就要用到图片环绕方式，图片环绕方式如下：

四周型：文字环绕图片四周；

紧密型：文字紧密环绕图片四周；

穿越型：文字穿越图片；

上下型：图片占据独立的行；

衬于文字下方：作为文字背景衬托在文字下方；

浮于文字上方：浮在文字上，遮蔽文字；

嵌入型：嵌入在文字中间。

例如设置图片为"四周型"的效果如图 5-62 所示。如果插入的图片大小不合适或需要调整，可对图片大小的调整，方法是：选中待调整的图片对象，此时图片四角会呈现图形控点，向左上、向右上、向左下、向右下四个方位拖动鼠标可以方便地调整图片的大小，如图 5-63 所示。

图 5-62　图片与文字环绕效果　　　　图 5-63　图片大小缩放图

以上是图片用鼠标进行拖动缩放的效果，要进行精确的图片大小调整，可以在"大小"选项卡中输入图片的长、宽数据，如图 5-64 所示。

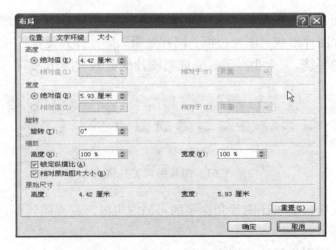

图 5-64　图片大小设置对话框

若图片的边缘部分不需要,则可通过"裁剪"按钮,单击该按钮得到如图 5-65 所示下拉列表,鼠标光标将变成"¶"形状,将其移到图片边框上的控制点上,然后按住鼠标左键不放拖动只到合适大小为止,再双击鼠标则完成对图片的裁剪操作如图 5-66、图 5-67 所示。

图 5-65 图片裁剪功能下拉列表

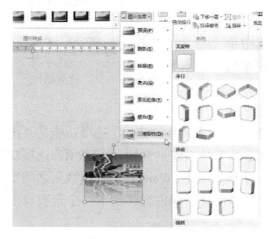

图 5-66 图片裁剪状态

图 5-67 图片裁剪后效果

对于图片还可应用于内置的图片样式,可对要选中待设置的图片对象进行样式修改,主要是在对话框中作选取操作即可完成。

10. 插入分页符和分隔符

(1) 插入分页符

当文档中一页填满则系统会自动地开始新的一页,默认地是整篇文档内容作为一个大章节来看待,但有些时候这样不能满足用户排版的要求,为了操作方便,可以在文档中添加一些需要换页或换节的分隔符,以加制实现换页或换节。

将插入点置于要插入分页符的位置,打开"页面布局"选项卡,在"页面设置"功能组中单击"分隔符"按钮,打开如图 5-68 所示的快捷菜单,在其快捷菜单中选择"分页符"即可实现页的分隔,即插入了一个分页符。

通过按组合键 Ctrl+Enter 也可插入分页符。

图 5-68 分隔符对话框

（2）插入分节符

在文档中，要设置许多格式，如页边距、页眉、页脚等信息，如果想在文档的不同部分采用不同的格式，则可以插入分节符将整篇文档分割成几个节，分节后，对于每个节都可单独设置特有的排版效果，互相不干扰，从而使得排版更加灵活。

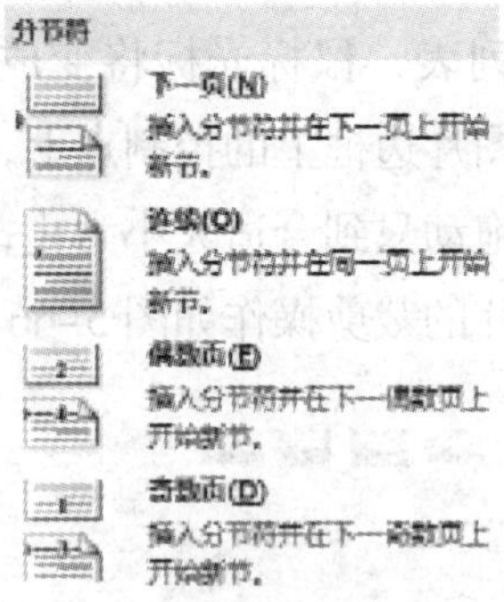

将插入点定位在要分节的起始地方，打开"页面布局"选项卡，在"页面设置"组中单击"分隔符"按钮，弹出的如图 5-69 所示的快捷菜单，选一种分节的类型即可。

图 5-69　分节符对话框

不同类型的分节符作用不同，"下一页"选项功能是光标当前位置后的全部内容将移到下一页面上；"连续"选项功能是系统将在插入点光标位置的后面添加一个分节符，新节从当前页开始；"偶数页"选项功能是系统将光标当前位置后的内容移至下一个偶数页上，Word 自动在偶数页之间空出一页；"奇数页"选项功能是系统将光标当前位置后的内容移至下一个奇数页上，Word 自动在奇数页之间空出一页。

总之页是将整篇文档分页成不同部分，节是可以在页中再将不同部分分隔成不同的独立的节部分，当然也可将整个文档分成不同的节。

11. 插入艺术字

在文档中为了增强视觉美感，有时会设置些艺术字，为文档插入艺术字后还可进行编辑，以期达到最佳的视觉效果。

（1）插入艺术字

首先确定插入点位置，即要插入艺术字的位置，单击"插入"选项卡，在"文本"工具组如图 5-70 所示中单击"艺术字"按钮，如图 5-71 所示打开艺术字库样式列表框，在其中选择一种需要的艺术字样式，如选择一种艺术字样式，这里选样式 4，在打开的"编辑艺术字文字"对话框如图 5-72 中，在"文本"文本框中输入需要创建的艺术字文本，例如在艺术字文本框中输入"企业招聘"，然后设置其字体格式等信息，单击"确定"按钮，将艺术字插入到了文档中。

图 5-70　艺术字按钮

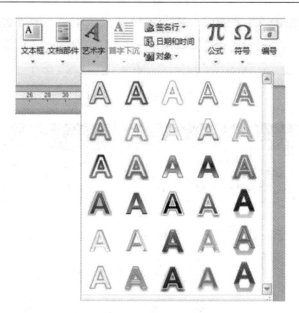

图 5-71　艺术字库样式列表框

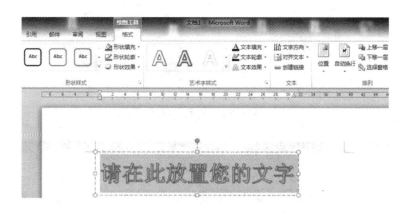

图 5-72　编辑艺术字窗口

（2）编辑艺术字

对所插入的艺术字，可根据需要完成美化编辑操作，具体操作步骤是：

首先选中待编辑的艺术字，窗口界面上就呈现如图 5-73 所示，在选中艺术字状态下当鼠标移动到图 5-74 所示的"艺术字样式"组中任一图标上时，艺术字将发生外观的变化，更多的外观样式可通过"艺术字样式"图标右侧的上翻或下翻按钮来选择，或通过单击"文本的外观样式"图标右下角的按钮，得到如图 5-75 所示"更多其他艺术字样式"，在其中选取所需的外观样式即可完成艺术字的外观编辑，另外利用图 5-75 所示的艺术字样式选项组中的"更改形状"按钮功能以及"形状填充"、"形状轮廓"等按钮功能还可以对形状样式、形状填充、形状轮廓、形状效果以及文字方向进行编辑排版。

图 5-73　编辑艺术字时工作窗口界面

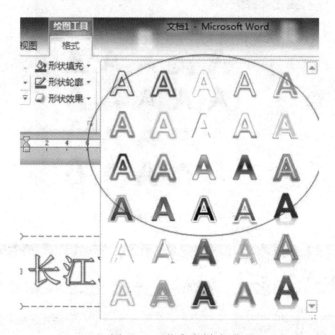

图 5-74　艺术字样式

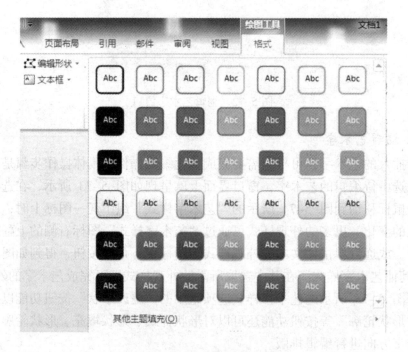

图 5-75　更多其他艺术字样式

12. 插入文本框

文本框是一个可以容纳文字或图片等内容的图形对象,在文档中起到解释说明、提示等作用，可以在文本中绘制横式文本框或竖式文本框，并将文本框移到所需的位置，运用文本框可使编排的文档内容有条理，并达到可读性的效果。

（1）插入文本框

在文档中单击"插入"选项卡，如图 5-76 所示文本工具组中的内容，然后单击"文本"组中的"文本框"按钮 ,在弹出的下拉列表框中如图 5-77 所示，单击"绘制文本框"选项，如图 5-78 所示，鼠标指针呈"+"字形状，此时在文档的适当位置按住鼠标左键不放并拖动鼠标绘制出一个文本框来了。

图 5-76　文本框按钮

图 5-77　文本框下拉菜单

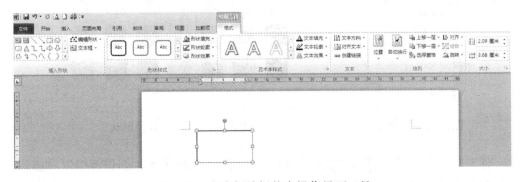

图 5-78　文本框编辑状态操作界面工具

（2）编辑文本框

① 设置文本框文本属性

选中待设置的文本框，单击"绘图工具格式"选项卡"艺术字样式"组中的"形状填充"按钮，得到图 5-79，同上述艺术字设置一样在该"艺术字样式"组中单击"文本效果"如图 5-80，在该窗口中进行文本效果选择操作。

图 5-79　文本框中编辑工具组功能

② 设置文本框形状属性

选中待设置的文本框，单击"绘图工具格式"选项卡"形状样式"组中的"形状填充"按钮，如图 5-81 所示，设置文本框的边框颜色为"无"，有时为了不显示文本框边框线只突出框内文本信息，可将文本框边框设为无色，在选中的文本框后，右击得到如图 5-82 所示"设置形状格式"对话框，单击"文本框样式"工具栏中"形状轮廓"按钮，在弹出的列表中选择"无轮廓"选项，则轮廓线不显示，就像一块纯文本，其实是文本框内的文本。

图 5-80　文本效果

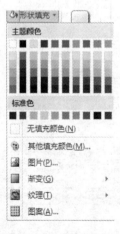

图 5-81　形状填充

图 5-82　文本框其他形状

对于文本框，还可进行"文本"的文字方向、对齐文本、创建链接以及排列方式、大小等的设置。

140

此外对于文本框,还可进一步设置他的阴影效果、三维效果。

选择要手动设置的文本框,单击"文本框样式"工具组中的对话框启动器按钮,如图 5-83 所示,在打开的"设置文本对话框格式"的对话框中进行个性化设置即可。

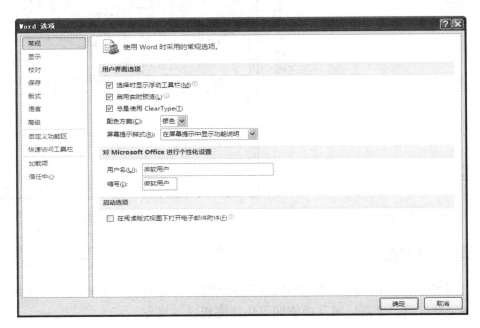

图 5-83 文本框样式设置对话框

13. 创建目录

在创建目录前应确保希望呈现在目录中的标题应用了内置的标题样式,这是目录自动生成的前提,当然没有的话就可运用大纲视图操作,设置作为目录中的标题文本内容为大纲级别的样式或自定义的样式。

创建自动生成的目录,在论文的开头插入一个空白页,为了存放自动生成的索引目录,将光标即插入点置于空白页的首行,在主窗口的导航栏中切换选项卡,由"开始"转换到"引用"选项卡如图 5-84,单击"目录"工具组中的"插入目录"按钮,如图 5-85 所示,然后在弹出的目录设置对话框窗口如图 5-86 所示,进行目录参数设置,就会按事先设定的目录格局自动生成一个目录。

图 5-84 引用组中目录选项功能

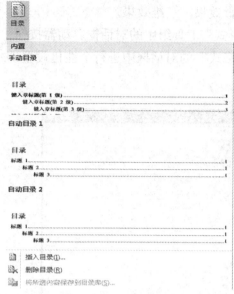

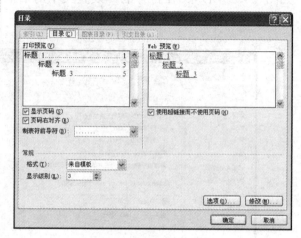

图 5-85 目录下拉菜单   图 5-86 目录设置对话框

14. 更新目录

当创建一个源文档后，若文档内容发生变化了，这时目录也应相应的变化，操作的方法是运用"更新目录"功能即可快速完成这一操作。

选择插入的整个目录，反黑形式，选择"引用"选项卡，在"目录"组中单击"更新目录"按钮，则选中的文档目录更新过来了，若在对话框中选了"只更新页码"则只调整页码。

步骤 1 打开待排版的 Word 2010 文档，本任务是对样文"公司招聘"文档进行排版。先设置页码，在该工作窗口中，首先单击"插入"选项卡，再单击"页眉和页脚"选项工具组中的"页码"按钮，在弹出的"页码"下拉菜单中，选一种页码样式，本操作选取的是"页面底端"样式中的"加粗显示的数字 1"单击确定即可将页码设置在文档的底端。

步骤 2 选待设置的底纹与边框的样文中第 3 段文字，单击"页面布局"选项卡中"页面背景"组中的"页面边框"图标按钮，在弹出的对话框中依次对"边框"及"底纹"选项卡进行设置即可。

步骤 3 字体设置，选中待设置的文字对象，这里在选取文字时可按前面提到的选择方法，选中文本后，文字呈反黑效果，单击"开始"选项卡中的"字体"组工具栏中"字体、字号"图标，按要求确定好字体类型、字号大小即可。也可单击字体组右下角的字体对话框启动器按钮，在弹出的对话框中完成更的字体内容的设置。具体的操作有：选标题文字，设为仿宋三号；选正文第 1 至 4 行，设为宋体正文小四号；选第 5、6 行设为楷体 GB2312 四号；选第 7、8 行设为楷体 GB2312 小四号，并添加底纹。

步骤 4　对文本中已设置好的字体在后面有用到，最方便的操作当然是格式刷了，首先确定要选用格式刷的文本内容，然后单击 ✔格式刷 图标按钮，鼠标变为刷子状，然后拖动鼠标将要排成和选作格式刷的文本相同的格式的文本，要连续多次使用，则可双击 ✔格式刷 格式刷图标按钮。

步骤 5　段落格式化操作，类似地先确定好待设置的段落对象，将光标定位于该段落中的任意位置，注意不能是段落之外的地方，然后单击"开始"选项卡中的"段落"组工具栏中" ▀▀▀▀▀ "图标，按需要选定不同的段落对齐方式即可。也可单击段落组右下角的段落对话框启动器按钮，在弹出的对话框中完成更的有关段落排版格式内容的设置。

步骤 6　设置项目符号，类似地先确定好待添加项目符号的段落对象，将光标定位于该段落中的任意位置，注意不能是段落之外的地方，然后单击"开始"选项卡中的"段落"组工具栏中" ☰ "图标，按需要选定不同的项目符号即可。若不启用内置的项目符号样式，也可单击"项目符号"下拉菜单中的定义新项目符号功能完成用户自定义项目符号的操作。具体的操作是将光标定位于专业简介中的标题文字，单击" ☰ "图标，选"项目符号库"中的样文所用符号即可。

步骤 7　设置页面背景，切换选项卡，单击"页面布局"选项卡中的"页面背景"组工具栏中" 页面颜色 "页面颜色图标，根据自己的爱好选择一种颜色背景即可。本例操作中选用的颜色为紫色，此处操作除了可设置颜色背景外，还可为页面添加填充效果图。

步骤 8　设置分栏效果，切换选项卡，单击"页面布局"选项卡中的"页面设置"组工具栏中" 分栏 "分栏图标按钮，根据自己的爱好选择一种分栏样式，本例中选中了两栏样式即可。本例中是将工学院简介第二段设置为二栏，将专业简介分为二栏。此处操作除了可设置系统内置的分栏外，还可选"更多分栏"命令为页面设置其他分栏效果。

步骤 9　设置首字下沉效果，切换选项卡，将光标置于待设置首字下沉的段落，单击"插入"选项卡中的"文本"组工具栏中" 首字下沉 "首字下沉图标按钮，根据自己的爱好选择一种首字下沉样式，本例中选中了"下沉"样式即可。本例中是将第二行的首字"武"设置为首字下沉，此处操作除了可设置系统内置的首字下沉效果外，还可选"首字下沉选项"命令为段落设置其他首字下沉效果。

○ 经验提示

在对文档进行排版时，尤其是设置字体格式、设置段落格式、设置分栏、设置首字下沉等操作内容时，待操作的对象一定要事先确定好，否则当前操作会失效，即所选取的操作不能进行。在进行大量的排版设置时，灵活选用格式刷功能可起到事半功倍的效果。

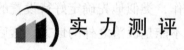 实 力 测 评

1. 编排"游客须知"
要求：
① 新建文档，以"游客须知"保存文档；
② 输入样文内容，并对字体及段落进行格式化；
③ 为各段落设置缩进格式，设置行距及字距；
④ 插入批注，内容自拟定不限；
⑤ 设置分栏效果，将文本内容分两栏显示，将补充的细节内容作为第二栏存放。

2. 制作毕业实践报告文书
要求：
① 新建文档，以"某某学生毕业实践报告"为文件名保存文档；
② 输入样文内容，并完成对文档的基本排版；
③ 设置报告封面，要求运用学校的徽标作为图片文件插入到封面；
④ 插入文本框并填入自己的专业、姓名及完成日期等信息；
⑤ 创建一个目录，将报告按三级目录形式存放；
⑥ 运用到分节符和分页符，适当地为报告文书设置两种以上的分栏排版效果。

3. 制作包装设计说明书
要求：
① 新建文档，以"商品包装设计说明"为文件名保存文档；
② 输入样文内容，并完成对文档的基本排版；
③ 设置报告封面，要求运用某商品的 LOGO 标志作为图片文件插入到封面；
④ 插入文本框并填入商品名称、分类名及包装日期等信息；
⑤ 创建一个目录，将包装过程的内容按标题三级目录形式存放；

⑥ 运用到分节符和分页符，适当地为报告文书设置两种以上的分栏排版效果。

4. 制作旅游景点宣传册

要求：

① 新建文档，以"某某景区旅游景点宣传"为文件名保存文档；

② 输入样文内容，并完成对文档的基本排版；

③ 设置报告封面，要求运用某景区景点图片文件插入到封面；

④ 插入文本框并填入景点名称、景点所在主管部门名称及宣传单设计日期等信息；

⑤ 创建一个目录，将景点宣传的文档内容按标题三级目录形式存放；

⑥ 运用到分节符和分页符，适当地为报告文书设置两种以上的分栏排版效果。

5. 制作手机说明书

要求：

（1）　新建文档，以"Motorola 锋芒 XT910 手机说明书"为文件名保存文档。

（2）　输入样文内容，并完成对文档的基本排版。

（3）　要求达到图文混排较好的效果，具体设置细节如下操作清单：

① 制作艺术字标题

插入艺术字；移动艺术字位置；使用"艺术字"工具修改编辑艺术字。

② 使用文本框制作宣传标语

插入文本框；调整文本框大小；设置文本框格式。

③ 将文字分栏

④ 插入宣传图片

插入图片；调整图片的大小。

⑤ 设置图片格式

精确缩放图片大小；设置图片的环绕方式。

⑥ 自绘图形

绘制笑脸形状；添加云形标注；改变自绘图形的线型；设置线条颜色和填充效果。

⑦ 文本框的文字方向

⑧ 自绘图形的特殊效果

添加阴影和三维效果。

⑨ 特殊填充效果

项目6 个人求职简历表制作与面试通知发布

即将毕业于电子计算机专业的小王准备向言谊诚公司投一份个人简历表，他将用 Word 完成自己的个人求职简历；该公司人力资源部小张将向由公司初步确定获得面试资格的求职者发放面试通知，小张将用到邮件合并功能快速完成面试通知书的编排与打印并快速分发给求职者。在本项目中小王涉及的基本操作任务有：表格编辑、排版；小张将涉及的任务操作有：邮件主文档创建、数据源创建、合并域定义、邮件合并及文档打印等。

任务 6.1 创建表格

任务描述

本任务是完成对个人求职简历表的编辑、单元格编辑，包括合并、拆分排版等。

知识准备

1. 新建空白表格

创建个人简历表雏形。

（1）插入标准表

对于有行、列规则的表，可通过 Word 2010 表格处理功能完成，对于不规则的行、列表格可通过自动制作方式也可通过人工手动制表方式完成。

将光标置于待插入表格的位置，单击"插入"选项卡，然后单击"表格"选项组中的"表格"按钮，在弹出的下拉列表菜单中有一个虚拟表格，如图 6-1 所示，此时移动鼠标可选择表格的行和列，最后单击鼠标，即可在文档中插入一个规则的表格，如图 6-2 所示，另外使用插入表格对话框也可方便插入表格，如图 6-3 所示。

图 6-1　表格下拉菜单

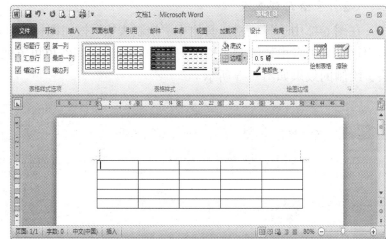

图 6-2　规则表格

　　此操作可弥补上述操作方法的不足,当表格范围超出了 10 行 8 列时,可运用"插入表格"命令灵活插入所需要的表格。

　　手动方式绘制表格,将插入点确定在需要插入表格的地方,单击"表格"工具栏中的"表格"按钮,在弹出的下拉菜单(如图 6-1 所示)中,选择"绘制表格"选项,将鼠标光标移动到文档中需要绘制表格的位置,此时鼠标光标变成一个"笔"形状,按住鼠标左键不放并拖动鼠标,出现一个表格的虚框,待达到合适的大小后,释放鼠标即生成一个表格的边框,如图 6-4 所示。

图 6-3　表格对话框

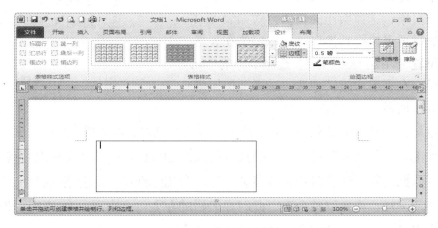

图 6-4　手动绘制表格

（2）手绘斜线表头

在图 6-2 中选择表格工具组中"绘制表格"按钮图标，鼠标会转变成"笔"状，运用这支笔可自由地绘制表格的行和列的线段，当然也可方便绘制 45 度的斜线表头，绘制的效果如图 6-5 所示。

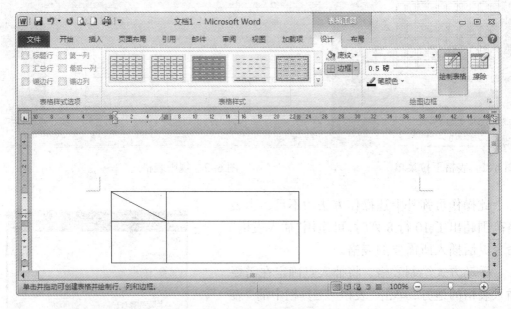

图 6-5　绘制斜线表头

2. 编辑表格

（1）插入行和列

单元格就像文档中的文字一样，对表格进行编辑，一般涉及光标定位到某行或某列或某个单元格，即先选中被编辑的表格对象或表格中单元格对象，选择操作的快捷方式如表 6-1 所示，然后再可执行其操作：光标定位在表格中任意位置，切换"表格工具"选项卡中的"布局"选项，在表组功能区中选"选择"按钮得到如图 6-6 所示。

图 6-6　选择按钮

当鼠标置于某行或某列中，或是选中某行或某列时，可运用"表格工具"→"布局"选项卡中"行和列"选项组中的插入行或列的按钮图标功能实现对行或列的插入添加，除此之外，还有对表格的移动、缩放和删除操作。对表格的移动，就像对待图的移动一样，先选取整个表，此时在表格的左上角会出现一个"移动控点"在右下方会出现一个"尺寸控点"即表示选中整个表。

表 6-1		表格对象选取的方法
对　象		方　　法
单元格	一个单元格	将鼠标指针移至要选取单元格的左侧，当指针变成"↗"形状时单击，或是将插入点置于单元格中，切换到"布局"选项卡，在"表"选项组中单击"选择"按钮，从下拉菜单中选择"选择单元格"命令，或右击单元格，从快捷菜单中选择"选择"→"单元格"命令
	连续的单元格	选取连续区域左上角的第一个单元格后，按鼠标左键向右拖动，可选取处于同一行的多个单元格，向下拖动可选取处于同一列的多个单元格，向右下角拖动可选取矩形单元格区域
	不连续的单元格	先选中要选定的矩形区域中第一个位置，然后按（Ctrl）键，依次选定其他区域再松开（Ctrl）键
行	一行	将鼠标指针移至要选定行的左侧，当指针变成"◿"形状时单击
	连续的多行	将鼠标指针移至要选定行的首行左侧，然后按住鼠标左键向下拖动，直至选中要选定的最后一行
	不连续的多行	将鼠标指针移至要选定行的首行左侧，然后按 Ctrl 键再用鼠标依次选中要选定的行
列	一列	将鼠标指针移至要选定的列的上方，当指针变成"↓"形状时单击
	连续的多列	将鼠标指针移至要选定的列的上方，然后按鼠标左键向右拖动，直至选定的最后一列即可
	不连续的多列	选中要选定的首列，然后按（Ctrl）键，依次选中其他待选定的列

（2）合并、拆分单元格

借助合并和拆分功能，可以使表格变得不规则，以满足不同用户对各种表格的编排需要，本任务中以个人求职简历表为例，有些行或列需要合并操作。要合并单元格方法是先切换到"布局"选项卡，在"合并"选项组中单击"合并单元格"按钮，如图 6-7 所示。

图 6-7　合并单元格按钮

（3）平均分各列、各行

对于所编辑的表格，有时可能会对表中某些行或列进行排版，如平分行或平分列，这就要用到"表格工具"→"布局"中的单元格大小选项组功能，其中涉及对表格的自动调整、设置行高和列宽以及平均分行和列的操作按钮，这里要实现对所选中单元格进行平均分行或平均分列，则可用到该选项组中的分布行或分布列的按钮图标功能，也可以通过如图 6-8 所示的表格属性对话框进行设置。

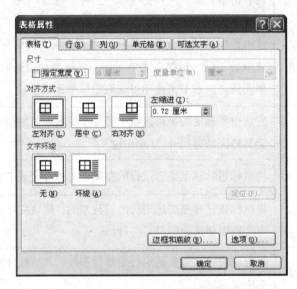

图 6-8　表格属性对话框

3. 输入数据

对于已制作的表格，要输入表格内容，操作有：

（1）定位单元格

要向表格中输入内容，先要将插入点光标定位到表格的单元格中，定位单元格的操作有：单击左键，运用向左向右向上向下的方向键实现单元格的定位操作。

（2）输入表格内容

确定好插入点后，就可定位输入内容了，在表格中可输入文本汉字、字母、数字、符号及图片等。输入的方式如前述录入操作。

（任务实施）

步骤 1　打开 Word 2010 工作窗口，根据图 6-9 样稿样式，使用表格功能，先插入个人求职简历表的雏形，即先按样稿样式，建立一个 22 行和 9 列的表格，注意这里在确定表格的雏形时，所选定的行数、列数一般应取最大的数。

步骤 2　选定待设置的表格，操作方式按前述操作，然后按样稿样式，对某些行、某些列进行编辑操作，这里主要是合并单元格，合并某些行、合并某些列。

个人求职简历表

姓名		性别		民族		出生年月		照片
籍贯		体重		政治面貌		婚否地区		
学制		学历		毕业时间			培养方式	
专业		毕业学校				就业范围		
爱要、特长或爱好								
英语水平				计算机水平				
获奖情况								
特长爱好	体育运动、羽毛球、听音乐、看书							
学习及实践经历								
时间	地区、学校或单位	经历						
基础课程								
专业课程								
论文情况								
联系方式								
通讯地址		联系电话			E-mail			
自我评价								

图 6-9　个人简历表样稿

任务 6.2　编排表格

任务描述

本任务是对表格数据编排、表格公式及函数的操作等。

知识准备

1. 表格格式化

（1）设置文本格式的文字方向及分散对齐

表格中的每个单元格类似于一个小的文档，可以对单元格中内容进行字体格式化、段落格式化及添加边框底纹等操作。方法是先选中待设置的单元格，然后切换"表格工具"→"布局"，选对齐方式选项组中的相应按钮，若要设置文字方向，可选"文字方向"按钮图标。

（2）单元格对齐方式

要将选定的单元格对齐方式作调整，可先在选中单元格对象的状态下，切换"表格工具"→"布局"，选对齐方式选项组中的左侧对齐方式按钮图标，这里预设置了9种对齐方式可供不同的需要作选择。

（3）表格边框和底纹

在选中表格状态下，右击鼠标或是切换"表格工具"→"布局"，选择表选项组中的属性按钮，得到如图 6-10 所示对话框，在其中可对选中的表格及单元格添加边框线效果、底纹效果以及文字和表格的环绕方式效果等。

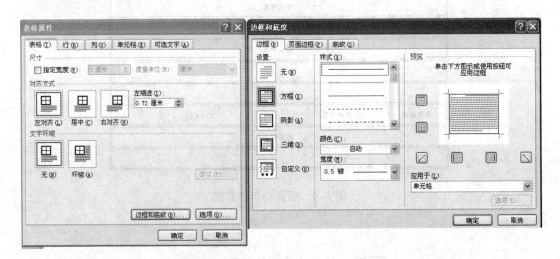

图 6-10　表格属性中边框和底纹设置

2. 文本与表格转换

（1）文本转换成表格

选定要转换的文本，切换到"插入"选项卡，在"表格"选项组中单击"表格"按钮，从下拉菜单中选择"文本转换成表格"命令，则打开"将文字转换成表格"

对话框，如图 6-11 所示，然后依需要运用"表格尺寸"栏中设置"列数"的微调框进行表格化调整，内容包括根据内容调整表格、文字分隔位置等信息设置，设置完成后确定即可。

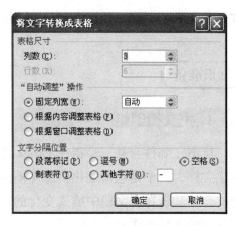

图 6-11　文本转成表格设置对话框

（2）表格转换成文本

选定要转换的表格，切换到"表格"选项卡，在如图 6-12 所示的"数据"选项组中单击"转换为文本"按钮，则可在打开的如图 6-13 所示的"表格转换成文本"的对话框中，确定好"文字分隔符"，这里建议用"制表符"合适一些，设置完成后按确定即可。

图 6-13　表格转文本的参数设置

图 6-12　表格转文本工具按钮

任务实施

步骤 1　打开任务 1 所建的个人简历表，然后根据个人的基本信息将各行、各列的数据填充进去，接下来进行表格排版，以期达到美观布局合理的效果。

步骤 2　选定待设置的表格，操作方式按前述操作，然后按样稿样式，对某些行中数据、某些列中数据进行类似于文本内容的编辑操作方法，对字体、字形、字号、表格边框、底纹进行设置，最后达到样稿效果即可。

 任务 6.3　邮件合并

任务描述

本任务是运用邮件合并功能实现对取得面试资格的应聘者发放面试通知，包括邮件主文档的创建、数据源创建、合并域添加、邮件合并及打印等。

知识准备

1. 主文档创建

所谓"邮件合并"是指在 Office 中先建立两个文档，一个是所有文件共有内容的主文档，一个是包括变化信息（不同收件对象的具体数据）的数据源，然后使用邮件合并功能在主文档中插入变化的信息实现合成新文档并可打印输出或以邮件形式发布的文档操作。

"邮件合并"和普通文档一样，先将作为邮件合并功能的文档内容编辑好，然后切换选项卡到"邮件"选项卡，如图 6-14 所示，邮件合并操作的界面，在其中单击"开始邮件合并"组中"　　"按钮，如图 6-15 所示，从下拉列表中选择"目录"菜单项则主窗口中无明显变化。例如选择"邮件合并分步向导"则会在主窗口的右侧显示一个任务窗格如图 6-16 所示。对于初学者运用这个窗口操作功能可简单方便地实现邮件合并的向导式操作，此处若选择其他项，例如选"标签"选项，则会弹出如图 6-17 所示标签选项窗口可对这种文体格式进行设置。

图 6-14　邮件选项卡

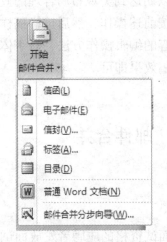

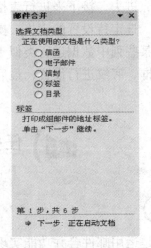

图 6-15　开始邮件合并下拉列表　　　图 6-16　邮件合并向导窗口

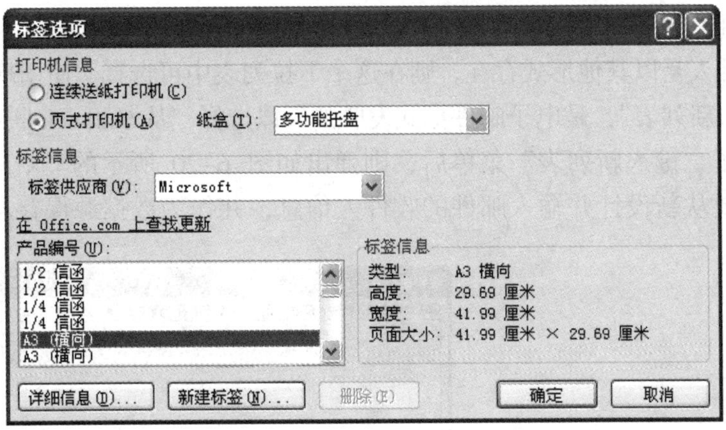

图 6-17　标签选项对话框

将编辑好的文档保存作为邮件合并的主文档内容，这是后期操作邮件合并后在每个页面上都会呈现的文档公共部分。

如图 6-18 所示，至此主文档的创建完成，然后按前述文档编排要求进行文档排版以期达到通知文书的要求。

通　知

我公司根据求职者应聘情况，经初试筛选、研究决定，

姓名＿＿＿，性别＿＿，被录取具备有面试资格，请接到通

知后，于 2013 年 8 月＿日上午＿时整准时到达公司＿＿室

参加面试，过时不候当作废处理。

言谊诚公司人力资源部

二○一三年五月十日

图 6-18　主文档样文

2. 创建数据源

数据源可以是 Excel 工作表也可以是 Access 文件，也可是 MS SQL Server 数据库，这里能用作邮件合并的数据源的数据是所有能被 SQL 语句操作控制的数据，究其实质邮件合并也就是一个数据查询和显示的工作，以下用 Access 中"面试通知数据源"为例讲解数据源的创建操作。

建立好主文档后，接下来设置邮件合并中的数据源，也就是接收邮件信息的收件人或收件单位名称等信息。

　　单击"邮件"选项卡中的"选择收件人"按钮，如图 6-19 所示。

　　若是收件人是以其他形式存在，则在这个下拉列表中可选择"使用现有列表"，否则选择"键入新列表"，是电子邮件形式发收的可以选择"从 OutLook 联系人中选择"。

　　当选择了"键入新列表"菜单后，则弹出如图 6-20 所示的"新建地址列表"对话框，需要从新设计并输入邮件的收件人信息，并作为数据源保存起来。

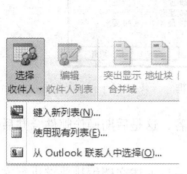

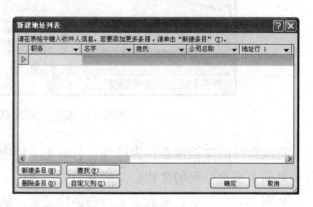

图 6-19　选择收件人　　　　　　　　　图 6-20　新建地址对话框

　　在上述窗口中，要对一个新的邮件合并操作，选择"自定义列"操作来创建数据源，得到如图 6-21 所示，在该窗口中按主文档中变换的地址域进行设置，完成后得到如图 6-22 所示。

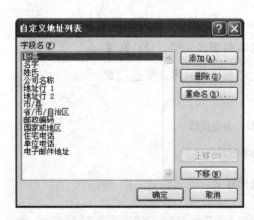

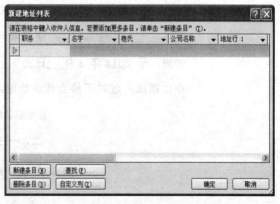

图 6-21　重新定义地址　　　　　　　　图 6-22　地址定义完成

　　一般所要设置的邮件数据源的地址列可能与系统内的不符合，可以在上述"自定义地址列表"的对话框中保留有用的地址列名称，新增没有的地址名称，按"添加"按钮即可完成重新定义地址列名的操作。

　　待所有的地址列名定义完，选择"确定"按钮，回到了上个一对话框 "新建地址列表"窗口，在该窗口中，如图 6-22 中单击"新建条目"按钮，则可将收件人的具体数据一条一条地输入进去，在输入的过程中还可以对输入的数据进行查找、删除等操作，完成输入后，选择"确定"按钮，弹出如图 6-23 所示，确定存储文件的路径和文件名称，这里命名为"面试通知数据源"，则完成了数据源的创建。

图 6-23　保存邮件数据源对话框

另外这个数据源也可以在 Excel 中，按主文档中可变化的数据格式，在工作表中依次输入"姓名"、"性别"、"日期"、"时间"及"面试地点"的五个列数据，假设这里有 3 行数据，输入完后保存为工作簿文件"面试通知数据源.xls"，工作表的名称为"面试通知对象数据"。到此以 Excel 类型的数据源就创建好了。

3. 插入合并域及邮件合并

（1）插入域

完成主文档和数据源的创建后，就可进行邮件合并的编辑了，插入合并域是关键，所谓合并域是指插入到邮件主文档中的代替具体的数据信息的变量地址标识名，就是前面所定义的地址列名称，插入的位置应与对应的数据信息所在的位置一致，否则呈现错误的数据信息，对已完成编辑好的主文档及数据源作保存后，接下来是将所建数据源的域插入到主文档中。

插入邮件合并的数据域，操作如下：

步骤 1　打开主文档，切换到"邮件"→"选择收件人"选项组中"使用现有列表"，从已设置好的数据源中选取所需数据源，操作界面上将发生变化，如图 6-24 所示。

图 6-24　插入数据源后的效果

将光标定位在要插入数据的地方（这里插入通知的对象的姓名，就放在主文档中"姓名"的后面横线上）；打开插入合并域对话框窗口如图 6-25 所示。

步骤 2 单击"邮件"选项卡"编写和插入域"组中的"插入合并域"，弹出如图 6-26 所示。

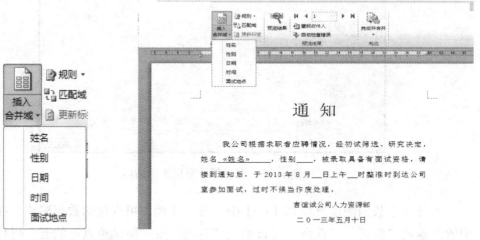

图 6-25　插入合并域下拉列表　　　　　　图 6-26　插入姓名域

将光标定位在要插入数据的地方（这里插入通知的数据域"性别"，就放在主文档中"性别"的后面横线上），每次用图 6-25 所示对话框插入数据域只能是一个操作放入一个数据域，插入完一个后关闭对话框窗口后再确定插入点后再打开窗口再插入，重复步骤 1 和步骤 2，依次插入主文档面试通知的数据域姓名、性别、日期、时间和面试地点，效果如图 6-27 所示。

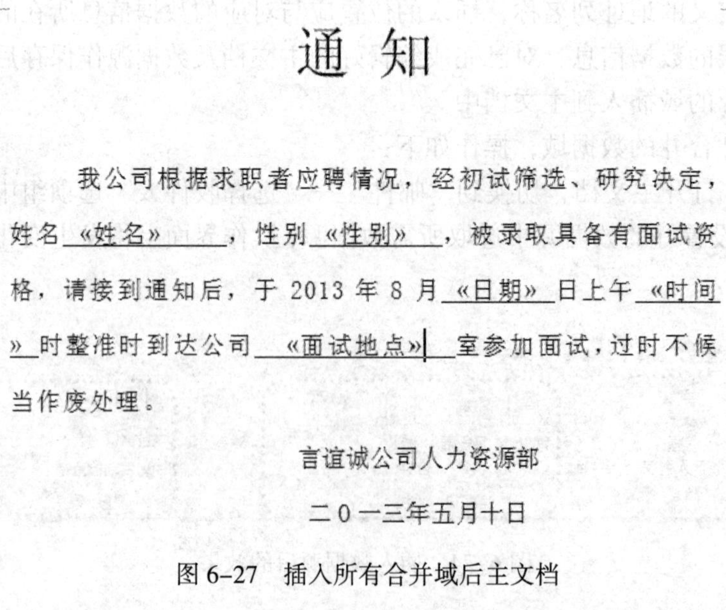

通　知

　　我公司根据求职者应聘情况，经初试筛选、研究决定，姓名《姓名》　，性别《性别》　，被录取具备有面试资格，请接到通知后，于 2013 年 8 月《日期》日上午《时间》时整准时到达公司　《面试地点》　室参加面试，过时不候当作废处理。

言谊诚公司人力资源部
二〇一三年五月十日

图 6-27　插入所有合并域后主文档

（2）邮件合并

根据相应的地址一条一条地加入到相对应的文档中，输入到文档中的地址列名都有一个书名号界定。注意这个选项是当前面的操作完成后才会呈现的。

步骤 1　接在上述插入合并域操作，在确定成功插入合并域后，在"邮件"选项卡的"预览结果"组中可看到"预览结果"按钮图标被点亮，表明邮件合并成功，可以打印或输出。单击"邮件"选项卡"预览结果"组中的""，弹出如图 6-28 所示窗口。

在本窗口中，邮件合并的效果就出来了，可通过"预览结果"组中的""按钮实现向前或向后翻看邮件合并后的文档。

步骤 2　单击"邮件"选项卡"完成"组中的"完成并合并"按钮，弹出如图 6-29 所示下拉列表，选择"编辑单个文档"，选择"确定"按钮，则可见完成的邮件合并文档。

通　知

　　我公司根据求职者应聘情况，经初试筛选、研究决定，姓名 张三 ，性别 男 ，被录取具备有面试资格，请接到通知后，于 2013 年 8 月 1 日上午 8：30 时整准时到达公司 501 室参加面试，过时不候当作废处理。

言谊诚公司人力资源部

二〇一三年五月十日

图 6-28　预览结果　　　　　　　　图 6-29　完成并合并下拉列表

4. 邮件合并及打印

至此，一个邮件合并的操作完成，在连接打印机后就可以打印输出，和变通文档一样，在打印输出前需要反复预览，反复修改编排，只到符合排版格式要求了就可以将编排好的文档打印输出，分发给面试者。在这里也可运用网络平台，将面试通知由邮件合并功能中以"发送电子邮件"的方式，由 Outlook 邮件形式发送到面试者，如图 6-30 所示。

对于邮件合并操作，当选择"完成并合并"→"编辑单个文档"操作时，将弹出如图 6-31 所示，这种合并产生的是一个新文档，可在屏幕上逐一显示数据源中所有数据信息。

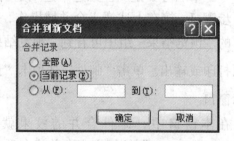

图 6-30　合并到电子邮件　　　　　　图 6-31　合并到新文档

假设打印机已安装或虚拟打印机已安装，对打印预览确认过的文档进行打印，方法是：单击"文件"选项卡，选择"打印"，弹出如图 6-32 所示窗口。

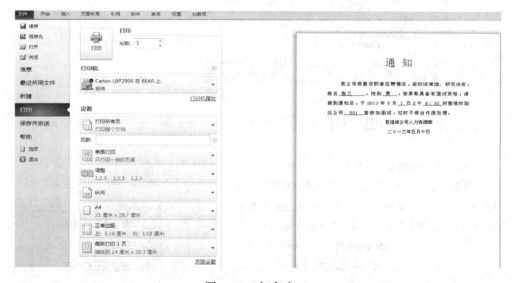

图 6-32　打印窗口

任务实施

步骤 1　打开 Word 2010 工作窗口，按样文要求编辑主文档。

步骤 2　打开主文档，切换到"邮件"→"选择收件人"选项组中"使用现有列表"，从已设置好的数据源中选取所需数据源，完成数据源的创建。

步骤 3　单击"邮件"选项卡"编写和插入域"。

步骤 4　接上述操作，完成插入合并域操作。

步骤 5　单击"邮件"选项卡"完成"组中的"完成并合并"按钮，完成相应的合并操作。

实力测评

1. 制作商品采购单

要求：

① 先按商品采购单样式拟定好表的雏形，完成表格创建；

② 虚拟表格中数据，合理设置各单元格数据格式，完成数据输入，有统计的地方运用表格公式计算完成；

③ 对表格进行美化操作。

2. 制作商务邀请函

要求：

① 先拟定好邮件的主题内容，编辑完成主文档的创建；

② 根据邮件收件人信息，合理设置地址列名称，完成数据源的创建；

③ 插入邮件合并域，完成邮件合并操作。

3. 制作分发信封

要求：

① 先拟定好邮件的信封内容，编辑完成主文档的创建；

② 根据邮件收件人信息，合理设置地址列名称，完成数据源的创建；

③ 插入邮件合并域，完成邮件合并操作。

4. 制作获奖证书

要求：

① 先拟定好邮件的主体内容，编辑完成主文档的创建；

② 根据邮件收件人信息，合理设置地址列名称，完成数据源的创建；

③ 插入邮件合并域，完成邮件合并操作。

5. 制作录取通知书

要求：

① 先拟定好邮件的主体内容，编辑完成主文档的创建；

② 根据邮件收件人信息，合理设置地址列名称，完成数据源的创建；

③ 插入邮件合并域，完成邮件合并操作。

第五部分　Excel 2010 的应用

　　人们的日常生活工作学习中，离不开各种各样的数据表以及对数据表中数据进行管理操作等，作为常用的办公软件 Office 或 WPS，都有功能强大的电子表制作功能模块，本部分主要以微软的 Office 套装软件中的 Excel 2010 为例，研究学习它的功能及应用技巧。

项目 7 创建工作簿

在歌手比赛中记分员要能快速方便地将各位选手的得分统计出来，面对不同选手及评委给出的分数，按评分要求去掉最高分、最低分，最后能快速地将分数及排名显示出来。传统的统计方法是由操作者手工完成，既烦琐且效率也低，但若运用Excel 2010 制作电子表，使用公式和函数功能则可轻松便捷地完成自动统计评分的功能。本项目包括几个任务：任务 1 是 Excel 2010 中表创建及基本操作；任务 2 是录入数据；任务 3 是编辑数据。

任务 7.1 Excel 2010 中表创建及基本操作

任务描述

在本任务中，要创建一个"歌手比赛的成绩评定表"工作簿，并在该工作簿中创建三张工作表，分别是"原始数据"、"汇总评分"、"比赛结果"；通过操作达到对Excel 中工作簿、工作表及单元格等基本操作的熟练掌握。

知识准备

1. 启动 Excel 2010

创建一个 Excel 工作簿，通常可用如下方式：打开"开始"菜单，利用快捷菜单等。下面介绍这两种方式的用法，完成对项目工作簿的创建操作。

（1）方式 1：通过"开始"菜单界面

在系统工作的桌面状态下，单击"开始"按钮，弹出下拉菜单后，将鼠标指向"所有程序"选项，弹出子菜单后，执行"Microsoft office"→"Microsoft Excel 2010"命令，如图 7-1 所示，即可创建一个 Excel 2010 工作簿。

（2）方式 2：通过快捷菜单界面

首先在"我的电脑"窗口工作状态下，打开要创建工作簿所在的文件夹，然后在窗口中的任意空白区域右击，在弹出的快捷菜单中，执行"新建"→"Microsoft Excel

工作簿"命令，如图 7-2 所示，即可创建一个 Excel 2010 工作簿。

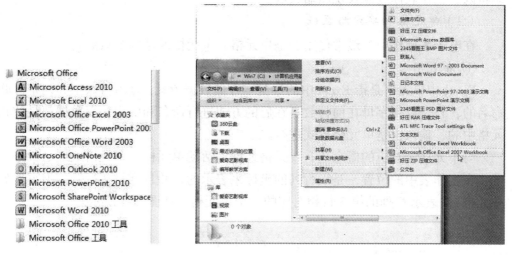

图 7-1　"开始"菜单启动 Excel 2010　　　　　图 7-2　快捷菜单启动 Excel 2010

在已经启动的 Excel 2010 中创建新工作簿的方法是通过"文件"选项卡中的"新建"命令。

2. 熟悉 Excel 2010 工作界面

Excel 2010 的工作窗口、工作界面的几个重要概念，我们认识了解一下。

（1）Excel 2010 窗口

启动 Excel 2010 后，其工作窗口如图所示。Excel 2010 的窗口相比于其他版本有一些改变，其中主要有标题栏、选项卡、组、数据编辑区、滚动条、工作表选项卡和状态栏等。如图 7-3 所示。

图 7-3　Excel 2010 窗口

其中标以红色数字区域的名称分别是：标题栏、功能选项卡区、工具图标区、编辑区、工作表标签区及视图缩放区。

（2）**单元格和单元格区域**

在电子表操作中，最常使用的是单元格和单元格区域两个对象。

① 单元格

Excel 中单元格是指 Excel 中的最基本存储数据单元，是由行数字和列字母联合命名的，且是以列字母在前行数字在后的方式进行命名和引用，而数据都是放在单元格中的，输入也是单元格形式进行。

与单元格相对应的概念还有单元格地址、活动单元格。单元格地址是指一个单元格在工作表中的位置，是以行列的坐标来表示的，并且列号在行号前书写。如：单元格 C3 表示 C 列的第 3 行相对应的一个单元格，如图 7-4 所示。

	A	B	C	D	E	F	G	H	I	J
1	歌手得分表									
2	歌手编号	姓名	性别	评委1	评委2	评委3	评委4	评委5	评委6	评委7
3	001	赵一名	男	10	8	7	6	9	9.5	8.8
4	002	钱小二	男	7	8	10	9	8.5	7.9	8.6
5	003	孙美梅	女	9.5	6.5	9.5	10	8.9	9	10
6	004	李大志	男	8	7	10	9	6	8.8	9
7	005	杨妍	女	6.5	7.5	10.5	8	9	8.6	8
8	006	陈东	女	10	9	9	9.9	8.9	9	10
9	007	苏小毛	男	9.5	9	7	9	9	8	8.8
10	008	蒋军	男	8	7	10	9	8.5	9	8.6
11	009	雷达	男	9	6.5	9.5	7	8.9	9	10
12	010	万能全	男	10	9	8	10	6	9	8.9
13	011	杜鹃	女	7	8	9	8	9	10	9
14	012	郭晓晓	女	9.5	9	19	9.9	9.2	9	9.9
15	013	魏然	女	6.5	7	8	10	8	9	9

图 7-4　单元格地址

② 单元格区域

单元格区域是由连续或不连续的单元格组成，通常表示处理数据的有效范围。要表示一个连续的单元格区域，可以用该区域左上角和右下角单元格表示，中间用冒号（:）分隔，不连续的单元格区域之间用逗号（,）分隔，如图 7-5 所示，表示的单元格区域是 B3:D7，若是要把 C3 算作一起，则表示的单元格区域是 B3:D7，C3。

	A	B	C	D	E	F	G	H	I	J
1	歌手得分表									
2	歌手编号	姓名	性别	评委1	评委2	评委3	评委4	评委5	评委6	评委7
3	001	赵一名	男	10	8	7	6	9	9.5	8.8
4	002	钱小二	男	7	8	10	9	8.5	7.9	8.6
5	003	孙美梅	女	9.5	6.5	9.5	10	8.9	9	10
6	004	李大志	男	8	7	10	9	6	8.8	9
7	005	杨妍	女	6.5	7.5	10.5	8	9	8.6	8
8	006	陈东	女	10	9	9	9.9	8.9	9	10
9	007	苏小毛	男	9.5	9	7	9	9	8	8.8
10	008	蒋军	男	8	7	10	9	8.5	9	8.6

图 7-5　单元格区域

（3）**工作表与工作簿**

如同一本书可以分为不同的章节，每一章节又包含不同的内容，工作簿和工作表的关系也是如此。一个工作簿文件可以包含许多工作表，每个工作表可以保存不同的数据。

① 工作表

当启动 Excel 后，首先看到的界面就是工作表。每张工作表由 256 列和 65536 行组成，它可以用来存储字符、数字、公式、图表以及声音等丰富的信息，也可以作为文件被打印出来，是通过工作表标签进行标识。工作表标签是操作工作表的一个快捷方法，对工作表的操作基本都能通过标签完成。如前述图 7-3 中的工作表标签，打开新工簿默认的工作表名为 Sheet1，呈白底显示。

对工作表进行操作之前必须先选定需要的工作表，选定的方法有以下几种。

- 选定一个工作表

直接用鼠标单击需要选中的工作表标签即可。

- 选定相邻的多个工作表

首先单击第一个工作表标签，然后按住 Shift 键不放，单击要选中的最后一个工作表标签，即可同时选定几个相邻的工作表。

- 选定不相邻的多个工作表

首先单击第一个工作表标签，然后按住 Ctrl 键不放，依次单击需要选定的工作表标签，即可同时选定不相邻的多个工作表。

- 选定工作簿中所有工作表

在任意一个工作表标签上右击，弹出的快捷菜单中选择"选定全部工作表（S）"命令，即可选定工作簿中的所有工作表。

○── 经验提示

同时选定的多个工作表，称为工作组，当操作完成后，可通过"取消组合工作表"命令取消组合。操作是：在取消组合后需要选中的工作表标签上右击，弹出的快捷菜单中选择"取消组合工作表（U）"。

② 工作簿

所谓工作簿其实是一个文件，是 Excel 环境下储存并处理数据的文件。可以把同一类相关的工作表集中在一个工作簿中。在如图 7-6 所示的工作簿"项目 7 制作电子式的歌手评分表"中，保存着歌手们相关的数据表，每张表都有相应的名称，这样方便存储与管理使用。

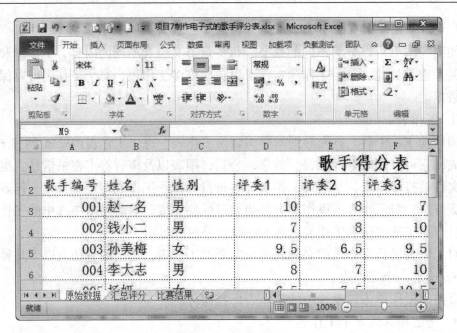

图 7-6 工作簿

3. 命名、保存工作簿

Excel 2010 工作簿文件的命名方式可根据其格式的不同, 分别有如下表所示, 其中文件的扩展名中含有与旧版本不同的新增 x 或 m,分别代表不含宏的 XML 文件或含有宏的 XML 文件, 具体如表 7-1 所示。

表 7-1   Excel 中的文件类型与其对应的扩展名

文件类型	扩展名
Excel 2010 工作簿	xlsx
Excel 2010 模板	xltx
Excel 2010 启用宏的工作簿	xlsm
Excel 2010 启用宏的模板	xltxm

对于一个新的工作簿文件, 保存方法有以下几种:

① 单击快速访问工具栏上的"保存"按钮, 打开"另存为"对话框, 在"文件名"文本框中输入工作簿的名称, 在"保存类型"下拉列表框中选择工作簿的保存类型, 指定要保存的位置后单击"保存"按钮即可。如图 7-7 所示。

② 单击"文件"选项卡, 在弹出的菜单中选择"保存"或"另存为"命令, 然后对工作簿进行保存。

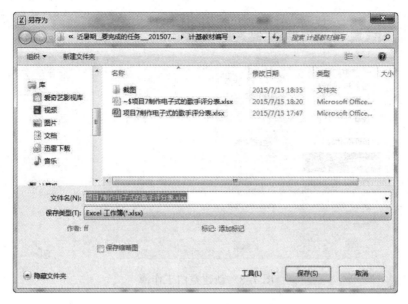

图 7-7　"另存为"对话框

○— 经验提示
○

为了让不同的工作簿文件具有相互兼容性,后续高版本文件也可保存为低版本的文件格式,只不过有些功能可能会消失。具体操作是:在 Excel 2010以前的版本中打开,在"另存为"对话框的"保存类型"下拉列表框中选择"Excel 97-2003 工作簿"选项。

要保存已经存在的工作簿,请单击快速启动工具栏上的"保存"按钮或者单击"文件"选项卡,在弹出的菜单中选择"保存"命令,Excel 不再出现"另存为"对话框,而是直接保存工作簿。

任务实施

步骤 1　在 Excel 2010 环境中,创建新的工作簿。单击"文件"选项卡,单击"新建"命令,选择"空白工作簿",单击"创建"按钮。如图 7-8 所示。

步骤 2　保存工作簿。单击"文件"选项卡中的"保存"命令,在弹出的"另存为"对话框中,在文件名列表框中输入"项目 7 制作电子式的歌手评分表",保存类型列表框中选择默认的"Excel 工作簿(*.xlsx)",保存位置选择"我的电脑"→"本地磁盘(C:)",单击"新建文件夹"按钮,在弹出的"新建文件夹"对话框中输入名称"计算机应用基础项目案例",单击"确定"按钮,最后单击"保存"按钮。如图 7-9 所示。

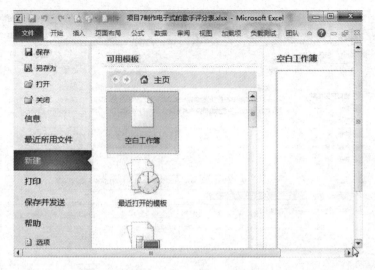

图 7-8　新建空白工作簿

图 7-9　保存工作簿

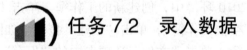

任务 7.2　录入数据

任务描述

在"制作电子式的歌手评分表"工作簿中命名三个工作表，分别是：原始数据、汇总评分及比赛结果。对应输入如图 7-10 所示的数据。

歌手得分表

歌手编号	姓名	性别	评委1	评委2	评委3	评委4	评委5	评委6	评委7
001	赵一名	男	10.0	8.0	7.0	6.0	9.0	9.5	8.8
002	钱小二	男	9.0	8.0	10.0	9.0	8.5	7.9	8.6
003	孙美梅	女	9.5	6.5	9.5	10.0	8.9	9.0	10.0
004	李大志	男	8.0	7.0	10.0	9.0	6.0	8.8	9.0
005	杨妍	女	6.5	7.5	10.5	8.0	9.0	8.6	8.0
006	陈东	女	10.0	9.0	9.0	9.9	8.9	9.0	10.0
007	苏小毛	男	9.5	9.0	7.0	9.0	9.0	9.0	8.8
008	蒋军	男	8.0	7.0	10.0	9.0	8.5	9.0	8.6
009	雷达	男	9.0	6.5	9.5	7.0	9.0	9.0	10.0
010	万能全	男	10.0	9.0	8.0	10.0	6.0	9.0	8.9
011	杜鹃	女	7.0	8.0	8.0	8.0	9.0	10.0	9.0
012	郭晓晓	女	9.5	9.0	19.0	9.9	9.2	9.0	9.9
013	魏然	女	6.5	7.0	8.0	9.0	9.0	9.0	9.0
014	潘高峰	男	8.0	9.0	9.0	9.0	9.0	10.0	8.0
015	祝圆圈	女	9.0	10.0	10.0	9.0	9.0	8.0	10.0

原始数据　汇总评分　比赛结果

歌手所得平均分

歌手编号	姓名	性别	平均得分
001	赵一名	男	6.0
002	钱小二	男	6.2
003	孙美梅	女	6.7
004	李大志	男	6.0
005	杨妍	女	5.9
006	陈东	女	6.7
007	苏小毛	男	6.3
008	蒋军	男	6.2
009	雷达	男	6.2
010	万能全	男	6.4
011	杜鹃	女	6.1
012	郭晓晓	女	6.8
013	魏然	女	5.9
014	潘高峰	男	6.1
015	祝圆圈	女	6.7

原始数据　汇总评分　比赛结果

歌手评分排名

歌手编号	姓名	性别	名次
001	赵一名	男	12
002	钱小二	男	8
003	孙美梅	女	3
004	李大志	男	13
005	杨妍	女	14
006	陈东	女	3
007	苏小毛	男	6
008	蒋军	男	8
009	雷达	男	7
010	万能全	男	5
011	杜鹃	女	10
012	郭晓晓	女	1
013	魏然	女	15
014	潘高峰	男	10
015	祝圆圈	女	2

原始数据　汇总评分　比赛结果

图 7-10　项目 7 歌手得分工作簿

知识准备

1. 工作表命名

新建一个工作簿，默认时有三张工作表，名称分别为 Sheet1、Sheet2 和 Sheet3 等，为方便表述各表中的数据信息，可给表重新命名，一般命名可遵从方便理解与记忆，可以为工作表取一个"见名知意"的名称。重命名工作表的方法有：

① 双击要重命名的工作表标签，输入工作表的新名称并按 Enter 键确认，如图 7-11 所示。

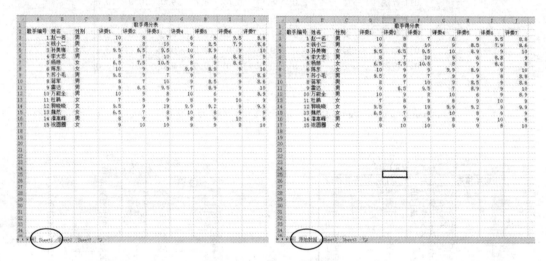

图 7-11　工作表重命名

② 右击要重命名的工作表标签，在弹出的快捷菜单中单击"重命名"命令，然后输入工作表的新名称。

③ 单击要重命名的工作表标签，切换到"开始"选项卡，在"单元格"组中，单击"格式"项，在弹出的菜单中的"组织工作表"中单击"重命名工作表"，如图 7-12 所示。然后输入工作表的新名称。

图 7-12　单元格工作组中"重命名工作表"

2. 输入数据

为表达一个问题，往往会涉及丰富表格内容，包括文本、数字等形式信息，而在输入这些内容时，若能掌握一些技巧实现快速输入，则可提高工效。下面将以为多个单元格同时输入相同内容以及快速填充连续序号为例，对输入常用信息的技巧进行介绍。

（1）在多个单元格中快速输入同一内容

在 Excel 表格中输入数据时，如果要在工作表中的多处位置输入相同的内容，用户可以通过一些技巧快速完成输入。下面分别介绍在同一个工作表中输入相同数据，在不同工作表中输入相同数据的操作方法。

① 在同一工作表中输入相同数据

在一个工作表的多个单元格内同时输入相同内容时，可利用组合键来完成输入，其具体操作如下：

- 选择同时输入数据的单元格。如图 7–13 所示，按住 Ctrl 键不放，依次单击要输入数据的单元格。

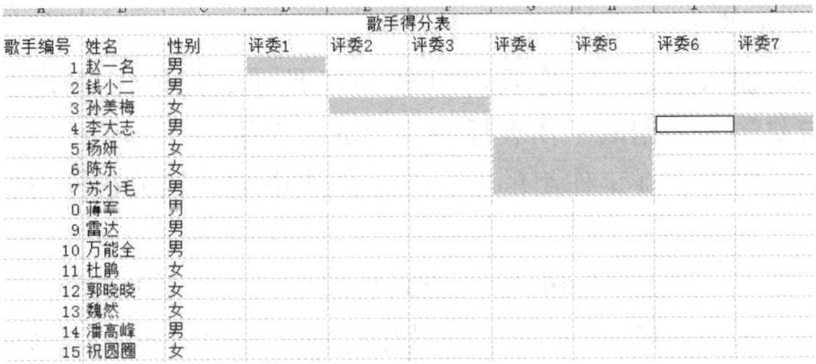

A	B	C	D	E	F	G	H	I	J
				歌手得分表					
歌手编号	姓名	性别	评委1	评委2	评委3	评委4	评委5	评委6	评委7
1	赵一名	男							
2	钱小二	男							
3	孙美梅	女							
4	李大志	男							
5	杨妍	女							
6	陈东	女							
7	苏小毛	男							
8	蒋军	男							
9	雷达	男							
10	万能全	男							
11	杜鹃	女							
12	郭晓晓	女							
13	魏然	女							
14	潘高峰	男							
15	祝圆圈	女							

图 7–13　选择单元格区域

- 输入数据内容。选择了目标单元格后，光标会定位在最后选中的单元格内，在该单元格中直接输入数据内容，如图 7–14 所示。

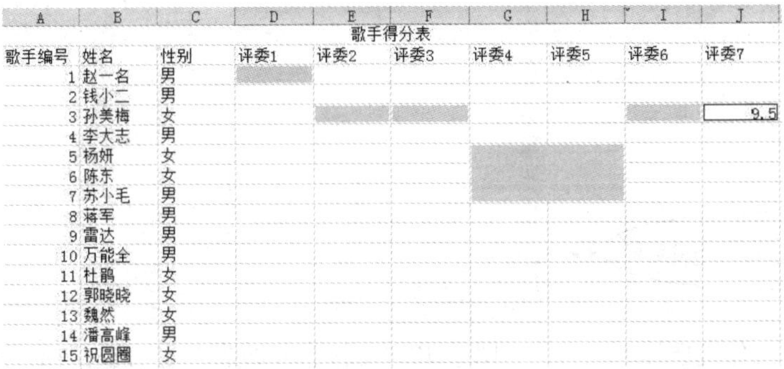

A	B	C	D	E	F	G	H	I	J
				歌手得分表					
歌手编号	姓名	性别	评委1	评委2	评委3	评委4	评委5	评委6	评委7
1	赵一名	男							
2	钱小二	男							
3	孙美梅	女							9.5
4	李大志	男							
5	杨妍	女							
6	陈东	女							
7	苏小毛	男							
8	蒋军	男							
9	雷达	男							
10	万能全	男							
11	杜鹃	女							
12	郭晓晓	女							
13	魏然	女							
14	潘高峰	男							
15	祝圆圈	女							

图 7–14　输入数据

- 为所有选中的单元格填充相同内容。在最后一个单元格中输入数据内容后，按下 Ctrl+Enter 快捷键，即可将所输入的内容填充到选中的所有单元格内，如图 7-15 所示。最后单击任意一个单元格，取消对单元格的选择即可。

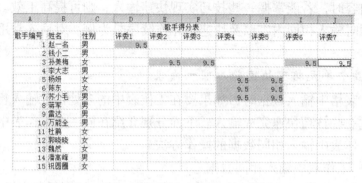

图 7-15　输入相同数据效果

② 在多个工作表中输入相同数据

有时需要在一个工作簿的多个工作表的同一位置输入相同的数据内容，就可以先将几个工作表都选中，构成一个工作组，然后输入一个工作表的内容，则该内容会同时出现在选定的工作组的多个工作表中。

- 选择同时输入数据的工作表。如图 7-16 所示，先按住 Ctrl 键，再用鼠标依次单击要输入数据的工作表标签，形成工作组。
- 输入数据内容。在工作组的第一个工作表中输入相关数据内容，如图 7-17 所示。
- 显示在多个工作表中同时输入相同数据效果。将数据输入完毕后，单击其他两个工作表的标签，即可看到其中也输入了相同的内容，如图 7-18 所示。

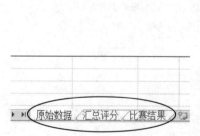 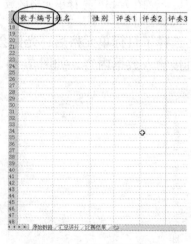 

图 7-16　工作组选择　　　　　图 7-17　工作组数据输入　　　图 7-18　工作组中输入
　　　　　　　　　　　　　　　　　　　　　　　　　　　　　　相同数据的效果

（2）**快速编辑有规律的数据**

在 Excel 表格中输入按照一定规律排序的数据时，可以拖动填充柄或使用"系列"对话框，快速对数据进行填充。

① 使用鼠标填充有规律的序号

- 向下填充序列。如图 7-19 所示，选中开始填充序列的起始单元格，将鼠标指向单元格右下角，当指针变成黑色十字形状时，向下拖动鼠标。
- 选择填充序列方式。将鼠标拖至填充序号的最后一个单元格后释放鼠标，然后单击单元格右下角的"自动填充选项"按钮 右侧的下三角按钮，在展开的下拉列表中选中"填充序列"单选按钮，如图 7-20 所示。
- 显示填充单元格效果。经过以上操作后，就可以按照数字的排列顺序，为鼠标经过的单元格填充相应的数字，如图 7-21 所示。

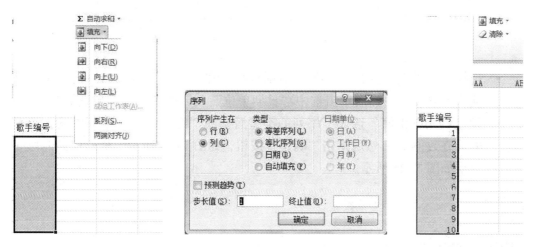

图 7-19　向下填充序列　　　图 7-20　选择填充序列方式　　　图 7-21　填充序列效果

② 使用"系列"对话框填充工作日序列

在 Excel 表格中填充数据时，用户可以通过"序列"对话框的帮助，采用不同的填充方式。通过"序列"对话框可以选择等比、等差、日期等多种填充方式，从而帮助用户灵活、有效地填充各种有规律的数据内容，下面以工作日的填充为例来介绍其使用方法。

- 选中目标单元格。如图 7-22 所示，拖动鼠标，选择要填充日期的单元格区域。

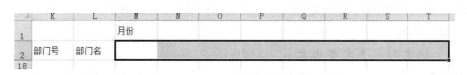

图 7-22　选中目标单元格

- 单击"系列"选项。选择目标单元格后，在"开始"选项卡中，单击"编辑"组的"填充"按钮，在展开的下拉列表中单击"系列"选项，如图 7-23 所示。

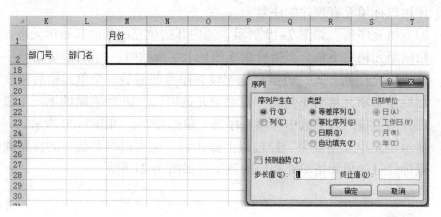

图 7-23　"系列"选项

- 选择序列类型。弹出"序列"对话框后，在"类型"区域内单击选中"日期"单选按钮，然后单击选中"日期单位"区域内的"月"单选按钮。
- 设置填充终止值。选择了序列的类型后，在"终止值"文本框中输入填充的最终数值 12，然后单击"确定"按钮，如图 7-24 所示，最后得到的填充效果如图 7-25 所示。

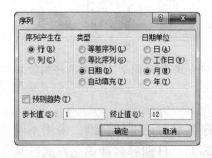

图 7-24　"序列"对话框

图 7-25　月份系列填充的效果

3. 美化表格及数据

在工作簿中相应工作表内完成数据录入后，接下来需要对单元格进行合并和对单元格的数据内容进行对齐等操作，使得表格中的内容更加整齐、美观，符合数据存放的设计要求。

（1）快速对齐单元格内容

对齐单元格内容包括单元格内文本的对齐和单元格内文本内容的控制，常用的对齐单元格内容包括设置文本对齐方式、自动换行以及缩小填充三个方面。

① 设置文本对齐方式

Excel 工作表中文本的对齐方式包括水平对齐和垂直对齐两种，在设置单元格内的文本对齐方式时，用户可有选择性地对这两种对齐效果进行设置。

- 选择目标单元格。如图 7–26 所示，单击要设置对齐方式的单元格 A1。

图 7–26　选择目标单元格

- 设置单元格内容的对齐方式。选择目标单元格后，分别单击"开始"选项卡中"对齐方式"组中的"垂直居中"与"居中"按钮，如图 7–27 所示。

图 7–27　对齐方式按钮

- 显示设置单元格内容为居中效果。经过以上操作后，即可完成设置单元格内文本对齐方式的操作，在表格中即可看到对齐后的效果，如图 7–28 所示。

图 7–28　居中效果

② 单元格内文本的控制

如果单元格内数据的长度超过了单元格的宽度，致使部分数据无法显示时，用户就需要使用自动换行或缩小字体填充来自动控制单元格内文本，使其适应单元格大小。

- 自动换行

自动换行是指当单元格中的内容超过了单元格的宽度时，文本就会自动切换到下一行进行显示。

步骤 1　选择目标单元格。如图 7–29 所示，单击设置为自动换行的单元格 C3。

步骤 2 单击"自动换行"按钮。选择了目标单元格后，单击"开始"选项卡下"对齐方式"组中的"自动换行"按钮，如图 7-30 所示。

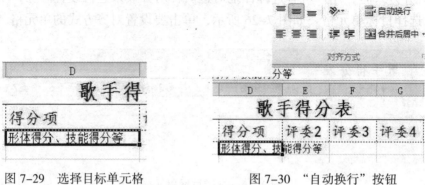

图 7-29　选择目标单元格　　　　　　图 7-30　"自动换行"按钮

步骤 3 显示自动换行效果。经过以上操作，就可以将所选择单元格内文本设置为自动换行效果，如图 7-31 所示，按照同样的操作，将其他单元格内的文本也设置为自动换行效果。

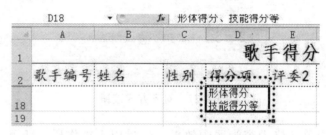

图 7-31　自动换行效果

○─────────────○ 经验提示

当在其他单元格中设置与当前单元格格式相同时，可以用格式刷快速实现。操作步骤是：首先选择已经设置格式的单元格，再单击"开始"选项卡下"剪贴板"组中的 格式刷 按钮，最后单击需要设置相同格式的单元格。多个单元格需要设置时，可以双击 格式刷 按钮实现。

• 缩小字体填充

缩小字体填充是指在不改变单元格大小的情况下，使单元格内的文本自动缩小，以适应单元格的大小。

步骤1 选择目标单元格。如图 7-32 所示，单击单元格 D3。

步骤 2 单击"对齐方式"组的对话框启动器。选择目标单元格后，单击"开始"选项卡下"对齐方式"组的对话框启动器，如图 7-33 所示。

A	B	C	D	E	F
			歌手得分表		
歌手编号	姓名	性别	评委1	评委2	评委3	评
001	赵一名	男		8.0	7.0
002	钱小二	男		8.0	10.0
003	孙美梅	女		6.5	9.5
004	李大志	男		7.0	10.0
005	杨妍	女		7.5	10.5
006	陈东	女		9.0	9.0
007	苏小毛	男		9.0	9.0
008	蒋军	男		7.0	10.0

图 7-32　选择目标单元格

图 7-33　"对齐方式"组对话框启动器

步骤 3　勾选"缩小字体填充"复选框。弹出"设置单元格格式"对话框后，在"对齐"选项卡下勾选"文本控制"组中的"缩小字体填充"复选框，如图 7-34 所示，最后单击"确定"按钮。

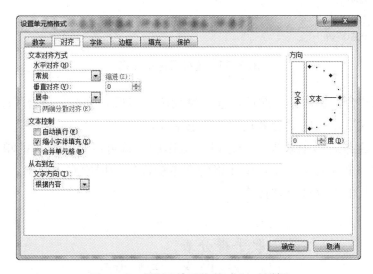

图 7-34　"设置单元格格式"对话框

步骤 4　显示缩小字体填充效果。经过以上操作，返回表格中即可看到，所选择的单元格已根据单元格大小自动调整了字体大小，其效果如图 7-35 所示。

A	B	C	D	E	F	G	H
			歌手得分表				
歌手编号	姓名	性别	评委1	评委2	评委3	评委4	评委5
001	赵一名	男		8.0	7.0	6.0	9.0
002	钱小二	男		8.0	10.0	9.0	8.5
003	孙美梅	女		6.5	9.5	10.0	8.9
004	李大志	男		7.0	10.0	9.0	6.0

图 7-35　缩小字体填充效果

（2）合并单元格的技巧

合并单元格功能用于将几个单元格合并为一个单元格。在 Excel 中，合并单元格的方法有三种，分别是合并单元格、合并后居中以及跨越合并。

① 合并后居中

应用"合并后居中"功能，可直接在合并单元格的同时让单元格中的内容水平垂直居中。

- 选择目标单元格。如图 7-36 所示，选中要合并的单元格区域 A1:A3。

	A	B	C	D	E	F	G	H	I	J	K	L
1	歌手得分表											
2	歌手编号	姓名	性别	评委1			评委2			评委3		
3				得分项1	得分项2	得分项3	得分项1	得分项2	得分项3	得分项1	得分项2	得分项3
4	001	赵一名	男									
5	002	钱小二	男									
6	003	孙美梅	女									
7	004	李大志	男									
8	005	杨妍	女									

图 7-36　选择目标单元格

- 单击"合并后居中"按钮。选择目标单元格后，单击"开始"选项卡下"对齐方式"组中的"合并后居中"按钮 。
- 显示合并后居中效果。经过以上操作后，就可以将所选择的单元格区域合并为一个单元格，并且单元格的文本被设置为居中对齐效果，如图 7-37 所示，其他列合并类似操作。

	A	B	C	D
1	歌手得分表			
2	歌手编号	姓名	性别	评委1
3				得分项1
4	001	赵一名	男	

图 7-37　合并后居中效果

② 跨越合并

跨越合并可以简单地理解为跨行合并列，即在选择的多行多列单元格中同时对各行的多列单元格进行合并。

- 选择目标单元格。如图 7-38 所示，选中要合并的单元格区域 A3:J17。
- 选择合并方式。选择目标单元格后，单击"对齐方式"组中"合并后居中"右侧的下三角按钮，在展开的下拉列表中单击"跨越合并"选项，如图 7-39 所示。

图 7-38 选择目标单元格

图 7-39 "跨越合并"按钮

- 显示跨越合并效果。经过以上操作后，就可以将所选择的单元格的列进行
  合并，而行的数量不会改变，其效果如图 7-40 所示。

图 7-40 跨越合并效果

4. 保存数据

　　工作表中的数据录入后，需要及时进行保存，避免工作过程中，出现意外信息
丢失。保存方法与保存工作簿方法一样，通常单击"快速访问工具栏"中的"保存"
按钮 ⬚。在这里主要给大家介绍通过"自动保存"功能避免工作表数据意外丢失。

　　通过 Excel 提供的"自动保存"功能，可以使发生意外时的损失降低到最小。
具体设置方法如下：

　　① 选择"文件"选项卡，在弹出的菜单中单击"选项"，打开"Excel 选项"对
话框。

　　② 单击左侧窗格中的"保存"选项，然后在右侧窗格的"保存工作簿"选项组
中将"保存自动恢复信息时间间隔"设置为合适的时间，数值越小，恢复的完整性
越好，一般建议设置为 3 分钟。如图 7-41 所示。

图 7-41 设置自动保存时间

任务实施

步骤 1 命名工作表。在已打开的"工程预算"工作簿中,双击工作表"Sheet1"标签,输入工作表名称"原始数据",按 Enter 键确认。依次用相同的方法,将"Sheet2"、"Sheet3"工作表重命名为"汇总评分"、"比赛结果",如图 7-42 所示。

步骤 2 录入数据。以"原始数据"表为例,实现数据内容的录入,其余两个工作表,用相同的方法进行录入。"原始数据"工作表中录入的数据内容如图 7-43 所示。

① 单一单元格内容输入。选择 A1 单元格,输入文本"歌手得分表",A2:J2 单元格中,分别输入"歌手编号"、"姓名"、"性别"、"评委 1 至评委 7"。在 A3、B3、C3 单元格所在的列单元格区域中,分别输入系列

图 7-42 工作表重命名

编号、姓名、性别信息。

	A	B	C	D	E	F	G	H	I	J
1					歌手得分表					
2	歌手编号	姓名	性别	评委1	评委2	评委3	评委4	评委5	评委6	评委7
3	1	赵一名	男	10	8	7	6	9	9.5	8.8
4	2	钱小二	男	9	8	10	9	8.5	7.9	8.6
5	3	孙美梅	女	9.5	6.5	9.5	10	8.9	9	10
6	4	李大志	男	8	7	10	9	6	8.8	9
7	5	杨妍	女	6.5	7.5	10.5	8	9	8.6	9
8	6	陈东	女	10	9	9	9.9	8.9	9	10
9	7	苏小毛	男	9.5	9	7	9	9	8	8.8
10	8	蒋军	男	8	7	10	9	8.5	9	8.6
11	9	雷达	男	9	6.5	9.5	7	8.9	9	10
12	10	万能全	男	10	9	8	10	6	9	8.9
13	11	杜鹃	女	7		8	8	9	10	9
14	12	郭晓晓	女	9.5	9	19	9.9	9.2	9	9.9
15	13	魏然	女	6.5	7	8	10	8	9	9
16	14	潘高峰	男	8	9	8	9	9	10	8
17	15	祝圆圈	女	9	10	10	9	9	8	10

图 7-43　工作表"原始数据"输入界面

② 序列填充。选择 A3 单元格，输入"1"，鼠标移动到单元格右下角，形成十字形句柄，拖动到 A17 单元格释放，单击单元格右下角的"自动填充选项"按钮右侧的下三角按钮，在展开的下拉列表中选中"填充序列"单选按钮。

③ 快速填充相同内容的单元格内容。单击 C3 单元格后，按住 Ctrl 键不放，选择 C4、C6 等单元格，选择后，释放鼠标和 Ctrl 键。输入"男"，按住 Ctrl 键的同时，按 Enter 键，选择的区域中均输入"男"。用相同方法在其他不连续的单元格区域中输入相关性别"女"数据内容。

步骤3　整理数据。对已录入数据的"原始数据"工作表数据内容进行整理。

① 设置合并后居中。选择 A1:J1 单元格区域，单击"开始"选项卡下"对齐方式"组中的"合并后居中"按钮。

② 设置水平居中、垂直居中。选择 A2:J17 单元格区域，分别单击"开始"选项卡下"对齐方式"组中的"垂直居中"和"居中"按钮。

整理后的数据效果如图 7-44 所示。

	A	B	C	D	E	F	G	H	I	J
1					歌手得分表					
2	歌手编号	姓名	性别	评委1	评委2	评委3	评委4	评委5	评委6	评委7
3	1	赵一名	男	10	8	7	6	9	9.5	8.8
4	2	钱小二	男	9	8	10	9	8.5	7.9	8.6
5	3	孙美梅	女	9.5	6.5	9.5	10	8.9	9	10
6	4	李大志	男	8	7	10	9	6	8.8	9
7	5	杨妍	女	6.5	7.5	10.5	8	9	8.6	9
8	6	陈东	女	10	9	9	9.9	8.9	9	10
9	7	苏小毛	男	9.5	9	7	9	9	8	8.8
10	8	蒋军	男	8	7	10	9	8.5	9	8.6
11	9	雷达	男	9	6.5	9.5	7	8.9	9	10
12	10	万能全	男	10	9	8	10	6	9	8.9
13	11	杜鹃	女	7		8	8	9	10	9
14	12	郭晓晓	女	9.5	9	19	9.9	9.2	9	9.9
15	13	魏然	女	6.5	7	8	10	8	9	9
16	14	潘高峰	男	8	9	8	9	9	10	8
17	15	祝圆圈	女	9	10	10	9	9	8	10

图 7-44　整理后数据效果

步骤 4 保存数据。经过以上操作后,将工作内容进行保存,单击"快速访问工具栏"中的"保存"按钮。

其余两个工作表的数据,见本书附带的资源库,"项目 7"文件夹中的"电子式的歌手评分表.xlsx"。

 任务 7.3 编辑数据

任务描述

在工作表中输入数据后,有时需要对这些数据进行修改,使其按照文本自身的特殊要求进行显示,如工作表中涉及日期格式、小数形式等数据时,就要求能进行格式化操作。本部分介绍在 Excel 中编辑数据与设置格式的方法和技巧,按照一般操作要求,完成包括编辑 Excel 工作表中的数据,对工作表中数据格式化以及美化工作表外观等操作。

知识准备

1. 对行、列的操作

关于工作表行列操作的基本方法,包括选择行和列,插入、删除行和列,隐藏或显示行和列。

(1)选择表格中的行和列

选择表格中的行和列是对其进行操作的前提。分为选择单行列,选择连续的多行、多列以及选择不连续的多行多列 3 种情况。

① 选择行

选择单行:将光标移动到要选择行的行号上,当光标变为 ➡ 形状时单击,即可选择该行。

选择连续的多行:单击要选择的多行中最上面一行的行号,向下拖动鼠标到选择区域的最后一行行号,即可同时选择该区域的所有行。

选择不连续的多行:按住 Ctrl 键的同时,分别单击要选择的多个行的行号,即可同时选择这些行。

② 选择列

选择单列:将光标移动到要选择列的列标上,当光标变为 ⬇ 形状时单击,即可选择该列。

选择连续的多列：单击要选择的多列中最左面一列的列标，向右拖动鼠标至选择区域是最后一列列标，即可同时选择该区域的所有列。

选择不连续的多列：按住 Ctrl 键的同时，分别单击要选择的多个列的列标，即可同时选择这些列。

（2）**插入与删除行和列**

与一般在纸上绘制表格的概念有所不同，Excel 是电子表格软件，它允许用户建立最初的表格后，还能够补充一个单元格、整列或整列，而表格中已有的数据将按照命令自动迁移，以腾出插入的空间，将不需要的单元格、整行或整列删除。

① 插入行与列

- 选择行。单击行号，选择插入点的行。
- 插入行。选择“开始”选项卡下的“单元格”组，单击“插入”右侧的下三角按钮，从下拉菜单中选择“插入工作表行”命令，如图 7-45 所示。

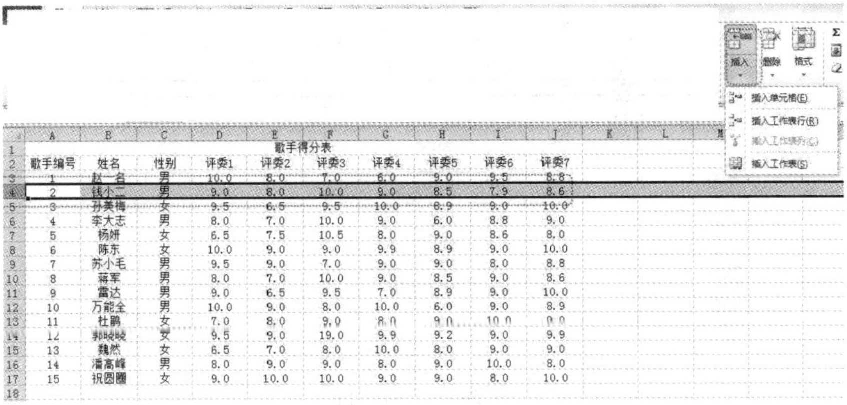

	A	B	C	D	E	F	G	H	I	J
1	歌手得分表									
2	歌手编号	姓名	性别	评委1	评委2	评委3	评委4	评委5	评委6	评委7
3	1	赵一名	男	10.0	8.0	7.0	6.0	9.0	9.5	8.8
4	2	钱小二	男	9.0	8.0	10.0	9.0	8.5	7.9	8.6
5	3	孙美梅	女	9.5	6.5	9.5	10.0	8.9	9.0	10.0
6	4	李大志	男	8.0	7.0	10.0	9.0	6.0	8.8	9.0
7	5	杨妍	女	6.5	7.5	10.5	8.0	9.0	8.6	8.0
8	6	陈东	女	10.0	9.0	9.0	9.9	8.9	9.0	10.0
9	7	苏小毛	男	9.5	9.0	7.0	9.0	9.0	8.0	8.8
10	8	蒋军	男	8.0	7.0	10.0	9.0	8.5	9.0	8.6
11	9	雷达	男	9.0	6.5	9.5	7.0	8.9	9.0	10.0
12	10	万能全	男	10.0	9.0	8.0	10.0	6.0	9.0	8.9
13	11	杜鹃	女	7.0	8.0	9.0	8.0	9.0	10.0	9.0
14	12	郭晓晓	女	9.5	9.0	19.0	9.9	9.2	9.0	9.9
15	13	魏然	女	6.5	7.0	8.0	10.0	8.0	9.0	9.0
16	14	潘高峰	男	8.0	9.0	9.0	8.0	9.0	10.0	8.0
17	15	祝圆圈	女	9.0	10.0	10.0	9.0	9.0	8.0	10.0
18										

图 7-45　插入行

- 显示插入空行的效果。经过以上操作后，新行出现在选择行的上方，如图 7-46 所示。

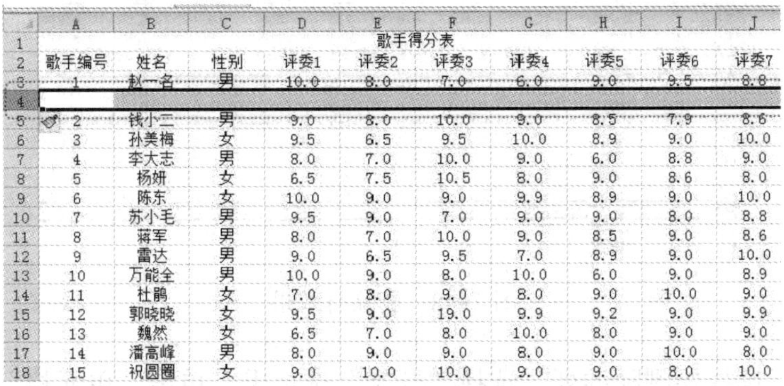

	A	B	C	D	E	F	G	H	I	J
1	歌手得分表									
2	歌手编号	姓名	性别	评委1	评委2	评委3	评委4	评委5	评委6	评委7
3	1	赵一名	男	10.0	8.0	7.0	6.0	9.0	9.5	8.8
4										
5	2	钱小二	男	9.0	8.0	10.0	9.0	8.5	7.9	8.6
6	3	孙美梅	女	9.5	6.5	9.5	10.0	8.9	9.0	10.0
7	4	李大志	男	8.0	7.0	10.0	9.0	6.0	8.8	9.0
8	5	杨妍	女	6.5	7.5	10.5	8.0	9.0	8.6	8.0
9	6	陈东	女	10.0	9.0	9.0	9.9	8.9	9.0	10.0
10	7	苏小毛	男	9.5	9.0	7.0	9.0	9.0	8.0	8.8
11	8	蒋军	男	8.0	7.0	10.0	9.0	8.5	9.0	8.6
12	9	雷达	男	9.0	6.5	9.5	7.0	8.9	9.0	10.0
13	10	万能全	男	10.0	9.0	8.0	10.0	6.0	9.0	8.9
14	11	杜鹃	女	7.0	8.0	9.0	8.0	9.0	10.0	9.0
15	12	郭晓晓	女	9.5	9.0	19.0	9.9	9.2	9.0	9.9
16	13	魏然	女	6.5	7.0	8.0	10.0	8.0	9.0	9.0
17	14	潘高峰	男	8.0	9.0	9.0	8.0	9.0	10.0	8.0
18	15	祝圆圈	女	9.0	10.0	10.0	9.0	9.0	8.0	10.0

图 7-46　插入空行效果

要插入列，可以选择该列，选择“开始”选项卡，单击“单元格”组中的“插入”右侧的下三角按钮，从下拉菜单中单击“插入工作表列”命令，新列出现在选择列的左侧。

② 删除行与列

删除行或列时，它们将从工作表中消失，其他的单元格移到删除的位置，以填补留下的空隙。

- 选择行。单击行号，选择要删除的行。
- 删除行。选择“开始”选项卡，单击“单元格”组中的“删除”右侧的下三角按钮，从下拉菜单中单击“删除工作表行”命令，如图 7-47 所示。

	A	B	C	D	E	F	G	H	I	J
1	歌手得分表									
2	歌手编号	姓名	性别	评委1	评委2	评委3	评委4	评委5	评委6	评委7
3	1	赵一名	男	10.0	8.0	7.0	6.0	9.0	9.5	8.8
4	2	钱小二	男	9.0	8.0	10.0	9.0	8.5	7.9	8.6
5	3	孙美梅	女	9.5	6.5	9.5	10.0	8.9	9.0	10.0
6	4	李大志	男	8.0	7.0	10.0	9.0	6.0	8.8	9.0
7	5	杨妍	女	6.5	7.5	10.5	8.0	9.0	8.6	8.0
8	6	陈东	女	10.0	9.0	9.0	9.9	8.9	9.0	10.0
9	7	苏小毛	男	9.5	9.0	7.0	9.0	9.0	8.0	8.8
10	8	蒋军	男	8.0	7.0	10.0	9.0	8.5	9.0	8.6
11	9	雷达	男	9.0				8.9	9.0	10.0
12	10	万能全	男	10.0				6.0	9.0	8.9
13	11	杜鹏	女	7.0				9.0	10.0	9.0
14	12	郭晓晓	女	9.5	9.0	[illegible]	9.9	9.2	9.0	9.9
15	13	魏然	女	6.5			10.0	8.0	9.0	9.0
16	14	潘高峰	男	8.0			8.0	9.0	10.0	8.0
17	15	祝圆圈	女	9.0			9.0	9.0	8.0	10.0

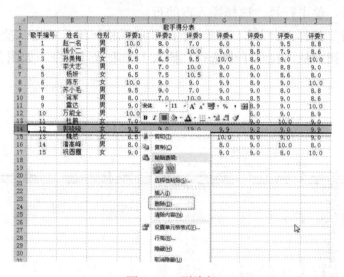

图 7-47　删除行

- 显示删除行后的效果。经过以上操作后，选择的行已删除，所在的下一行填充。如图 7-48 所示。

	A	B	C	D	E	F	G	H	I	J
1	歌手得分表									
2	歌手编号	姓名	性别	评委1	评委2	评委3	评委4	评委5	评委6	评委7
3	1	赵一名	男	10.0	8.0	7.0	6.0	9.0	9.5	8.8
4	2	钱小二	男	9.0	8.0	10.0	9.0	8.5	7.9	8.6
5	3	孙美梅	女	9.5	6.5	9.5	10.0	8.9	9.0	10.0
6	4	李大志	男	8.0	7.0	10.0	9.0	6.0	8.8	9.0
7	5	杨妍	女	6.5	7.5	10.5	8.0	9.0	8.6	8.0
8	6	陈东	女	10.0	9.0	9.0	9.9	8.9	9.0	10.0
9	7	苏小毛	男	9.5	9.0	7.0	9.0	9.0	8.0	8.8
10	8	蒋军	男	8.0	7.0	10.0	9.0	8.5	9.0	8.6
11	9	雷达	男	9.0	6.5	9.5	7.0	8.9	9.0	10.0
12	10	万能全	男	10.0	9.0	8.0	10.0	6.0	9.0	8.9
13	11	杜鹏	女	7.0	8.0	9.0	8.0	9.0	10.0	9.0
14	13	魏然	女	6.5	7.0	8.0	10.0	8.0	9.0	9.0
15	14	潘高峰	男	8.0	9.0	9.0	8.0	9.0	10.0	8.0
16	15	祝圆圈	女	9.0	10.0	10.0	9.0	9.0	8.0	10.0

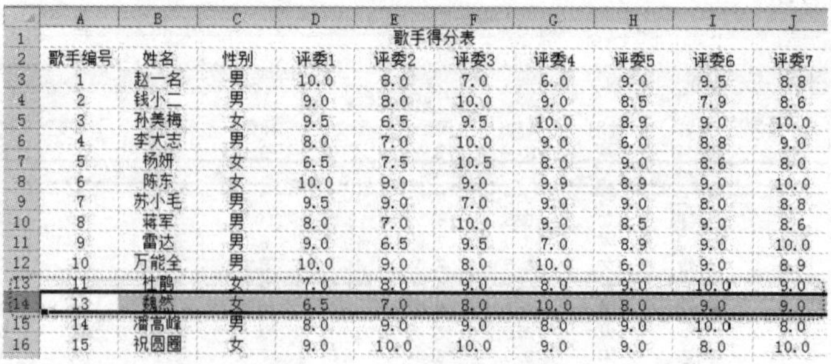

图 7-48　删除行效果

删除列，选择要删除的列，选择“开始”选项卡，单击“单元格”组中的“删除”右侧的下三角按钮，从下拉菜单中单击“删除工作表列”命令。

○ 经验提示

　　插入行或列、删除行或列，可以通过右击相应的行和列，在弹出的快捷菜单中单击"插入"或"删除"命令快速实现。

③ 隐藏或显示行和列

对于表格中某些敏感或机密数据，有时不希望让其他人看到，可以将这些数据所在的行或列隐藏起来，待需要时再将其显示出来。

- 选择目标行或列。单击"行号"或"列标"，选中要隐藏或显示的行或列。
- 隐藏或显示行或列。选择"开始"选项卡，单击"单元格"组中的"格式"项的下三角按钮，在弹出的下拉菜单中选择"可见性"区域中的"隐藏和取消隐藏"命令，单击弹出的快捷菜单中的"隐藏行"或"隐藏列"，或者"取消隐藏行"或"取消隐藏列"。如图 7-49 所示。

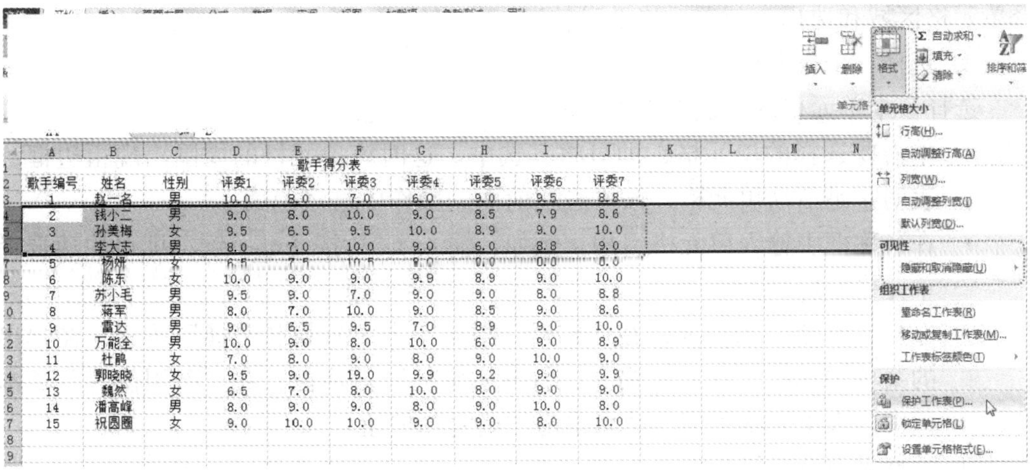

图 7-49　隐藏行

- 显示隐藏行效果。如图 7-50 所示，第 2 至第 4 行已被隐藏。

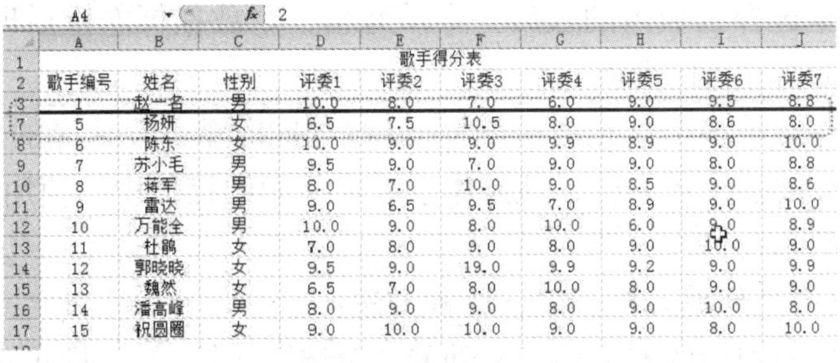

图 7-50　隐藏行效果

○── 经验提示

隐藏行和列的快速设置方法是：右击表格中要隐藏的行号或列标，在弹出的快捷菜单中选择"隐藏"命令，即可将该行或列隐藏起来。

要重新显示隐藏的行或列，如，第 2 至第 4 行，则需要同时选择相邻的第 1 行和第 5 行，然后右击选择的区域，在弹出的快捷菜单中选择"取消隐藏"命令，即可重新显示第 2 至第 4 行。

2. 对单元格的操作

用户在工作表中输入数据后，经常需要对单元格进行操作，包括选择一个单元格中的数据或者选择一个单元格区域中的数据，以及插入与删除单元格等操作。

（1）选择单元格

选择单元格是对单元格进行编辑的前提，选择单元格包括选择一个单元格、选择单元格区域和选择全部单元格 3 种情况。

① 选择一个单元格

选择一个单元格的方法有以下 3 种：

- 单击要选择的单元格，即可将其选中。这时该单元格的周围出现粗边框，表明它是活动单元格。该方法在前面的操作中已经使用。
- 在名称框中输入单元格引用，例如，输入 C3，按 Enter 键，即可快速选择单元格 C3。
- 选择"开始"选项卡，在"编辑"组中单击"查找和选择"按钮，在弹出的菜单中选择"转到"命令，打开"定位"对话框，在"引用位置"文本框中输入单元格引用，然后单击"确定"按钮。

② 选择多个单元格

用户可以同时选择多个单元格，形成单元格区域，选择多个单元格又可分为选择连续的多个单元格和选择不连续的多个单元格，具体选择方法如下：

- 选择连续的多个单元格：单击要选择的单元格区域内的第一个单元格，拖动鼠标至选择区域内的最后一个单元格，释放鼠标左键后即可选择单元格区域，如图 7-51 所示。
- 选择不连续的多个单元格：按住 Ctrl 键的同时单击要选择的单元格，即可选择不连续的多个单元格，该操作方法在前面的操作中已使用。

③ 选择全部单元格

选择工作表中全部单元格有以下两种方法：

- 单击行号和列标的左上角交叉处的"全选"按钮，即可选择工作表的全部单元格。

	歌手得分表									
	歌手编号	姓名	性别	评委1	评委2	评委3	评委4	评委5	评委6	评委7
	1	赵一名	男	10.0	8.0	7.0	6.0	9.0	9.5	8.8
	2	钱小二	男	9.0	8.0	10.0	9.0	8.5	7.9	8.6
	3	孙美梅	女	9.5	6.5	9.5	10.0	8.9	9.0	10.0
	4	李大志	男	8.0	7.0	10.0	9.0	6.0	8.8	9.0
	5	杨妍	女	6.5	7.5	10.5	8.0	9.0	8.6	8.0
	6	陈东	男	10.0	9.0	9.0	9.9	8.9	9.0	10.0
	7	苏小毛	男	9.5	9.0	7.0	9.0	9.0	8.0	8.8
	8	蒋军	男	8.0	7.0	10.0	9.0	8.5	9.0	8.6
	9	雷达	男	9.0	6.5	9.5	7.0	8.9	9.5	10.0
	10	万能全	男	10.0	9.0	8.0	10.0	6.0	9.0	8.9
	11	杜鹃	女	7.0	8.0	9.0	8.0	9.0	10.0	9.0
	12	郭晓晓	女	9.5	9.0	19.0	9.9	9.2	9.0	9.9
	13	魏然	女	6.5	7.0	8.0	10.0	8.0	9.0	9.0
	14	潘高峰	男	8.0	9.0	10.0	9.0	9.0	10.0	8.0
	15	祝圆圈	女	9.0	10.0	10.0	9.0	9.0	8.0	10.0

图 7-51　选择连续的多个单元格

- 单击数据区域中的任意一个单元格，然后按 Ctrl+A 键，可以选择连续的数据区域；单击数据区域中的空白单元格，再按 Ctrl+A 键，可以选择工作表中的全部单元格。

（2）插入与删除单元格

如果工作表中输入的数据有遗漏或者准备添加新数据，可以进行插入单元格操作轻松解决。如图 7-52 所示，D5:C17 区域数据发生错位，需要将 C5:C17 中的数据向下移动一个单元格，然后在 C5 单元格中输入"9"。

① 选择目标单元格。单击 C7 单元格，选中该单元格。

② 插入单元格。选择"开始"选项卡，单击"单元格"组中的"插入"项中的下三角按钮，在弹出的下拉菜单中单击"插入单元格"命令，打开"插入"对话框，如图 7-52 所示。选中"活动单元格下移"单选按钮，单击"确定"。

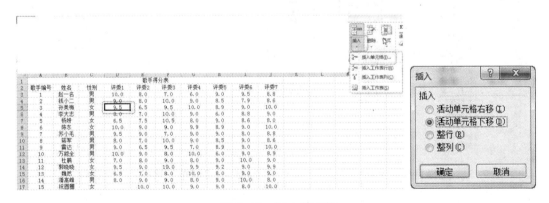

图 7-52　插入单元格

③ 显示插入单元格后的效果。如图 7-53 所示，在插入的空白单元格中输入"9"。

对于表格中多余的单元格，可以将其删除。删除单元格不仅可以删除单元格中的数据，同时还将选中的单元格本身删除。右击要删除的单元格，在弹出的快捷菜单中选择"删除"命令，打开"删除"对话框。根据需要选择适当的选项即可。

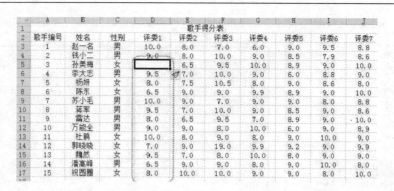

图 7-53 插入单元格效果

（3）合并与拆分单元格

① 合并单元格

对于同类信息往往可归为一类统计，例如案例"销售统计表"中，可将同一类商品在类别列进行合并，操作如下。

- 选择目标单元格。鼠标单击 D3 单元格，拖动至 D5 单元格，选中 D3:D5 区域。
- 合并单元格。选择"开始"选项卡，单击"对齐方式"组右下角的"对话框启动器"按钮 ，如图 7-54 所示。打开"设置单元格格式"对话框，选择"对齐"标签，勾选"文本控制"区域中的"合并单元格"，最后单击"确定"，如图 7-55 所示，类似地可完成其他类商品合并类别列。

图 7-54 选择目标单元格

图 7-55 "设置单元格格式"对话框

○─────○ 经验提示

　合并的单元格中存在数据，会打开如图 7-56 所示的提示框，单击"确定"按钮，只有左上角单元格中的数据保留在合并后的单元格中，其他单元格中的数据将被删除。

- 显示合并单元格效果。如图 7-57 所示，D3:D5 区域合并为一个单元格。

图 7-56 合并提示框

图 7-57 合并单元格效果

② 拆分单元格

对于已经合并的单元格，需要时可以将其拆分为多个单元格。右击要拆分的单元格，在弹出的快捷菜单中选择"设置单元格格式"命令，打开"设置单元格格式"对话框，选择"对齐"标签，取消勾选"合并单元格"复选框即可。

3. 编辑表格数据

本部分主要介绍一些编辑表格数据的方法，包括修改数据、移动和复制数据、删除数据格式以及删除数据内容等。

（1）修改数据

当输入的数据有误时，可即时修改该数据，操作方法有两种：一种是直接在单元格中进行编辑；另一种是在编辑栏中进行编辑。

在单元格中修改：双击准备修改数据的单元格，或者选择单元格后按 F2 键，将光标定位到该单元格中，通过按 Backspace 键或 Delete 键可将光标左侧或光标右侧的字符删除，然后输入正确的内容后按 Enter 键确认。

在编辑栏中修改：单击准备修改数据的单元格（该内容会显示在编辑栏中），然后单击编辑栏，对其中的内容进行修改即可，尤其是单元格中的数据较多时，利用编辑栏来修改很方便。

在编辑过程中，如果出现误操作，则单击快速启动工具栏中的"撤销"按钮 来撤销误操作。

（2）移动、复制表格数据

创建工作表后，可能需要将某些单元格区域的数据移动或复制到其他的位置，这样可以提高工作效率，避免重复输入。下面介绍三种移动或复制表格数据的方法。

- 先选中待移动（或复制）的单元格，选择"开始"选项卡，单击"剪贴板"组中的"剪切（复制）"按钮。单击要将数据移动（复制）到的目标单元格，单击"剪贴板"组中的"粘贴"按钮，如图 7-58 所示。

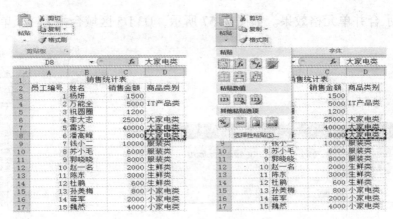

图 7-58　复制表格数据

- 选择要移动（复制）的单元格，将光标指向单元格的外框，当光标形状变为 ✛ 时，按住鼠标左键向目标位置拖动，到目标位置后释放鼠标左键即可。复制则在拖动鼠标的同时按住 Ctrl 键。
- 右击准备移动（复制）数据的单元格，在弹出的快捷菜单中选择"剪切（复制）"命令，然后右击目标单元格，在弹出的快捷菜单中选择"粘贴"命令，也可以快速移动（复制）单元格中的数据。

（3）以插入方式移动数据

利用上面的方法移动单元格数据时，会将目标位置的单元格区域中的内容替换为新的内容。如果不想覆盖区域中已有的数据，而只是在已有的数据区域之间插入新的数据。如，将编号为 8 的一行移到编号为 5 一行之前，则以插入方式移动数据。具体的操作步骤如下：

① 选择目标单元格区域。单击行号"10"，选择需要移动的单元格区域，将鼠标指向选择区域的边框上，此时鼠标呈现双向十字形。

② 移动数据。按住 Shift 键，拖动鼠标至目标位置，同时鼠标指针旁边会出现提示，指示被选择区域将插入的位置，如图 7-59 所示。

③ 显示以插入方式移动数据效果。释放鼠标后，原位置的数据将向下移动，如图 7-60 所示。

（4）删除单元格数据格式、单元格内容

通过"开始"选项卡下的"编辑"组中的"清除"按钮可以删除单元格数据格式和单元格内容。

① 删除单元格数据格式

用户可以删除单元格中的数据格式，而仍然保留内容。

- 选择目标单元格。单击要删除格式的单元格。
- 删除单元格数据格式。选择"开始"选项卡，单击"编辑"组中的"清除"按钮，在弹出的下拉菜单中，单击"清除格式"命令。如图 7-61 所示。

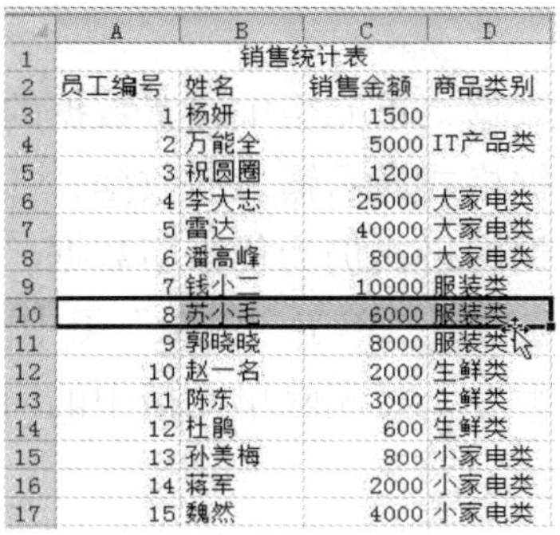

	A	B	C	D
1	销售统计表			
2	员工编号	姓名	销售金额	商品类别
3	1	杨妍	1500	
4	2	万能全	5000	IT产品类
5	3	祝圆圈	1200	
6	4	李大志	25000	大家电类
7	5	雷达	40000	大家电类
8	6	潘高峰	8000	大家电类
9	7	钱小二	10000	服装类
10	8	苏小毛	6000	服装类
11	9	郭晓晓	8000	服装类
12	10	赵一名	2000	生鲜类
13	11	陈东	3000	生鲜类
14	12	杜鹃	600	生鲜类
15	13	孙美梅	800	小家电类
16	14	蒋军	2000	小家电类
17	15	魏然	4000	小家电类

图 7-59　以插入方式移动数据

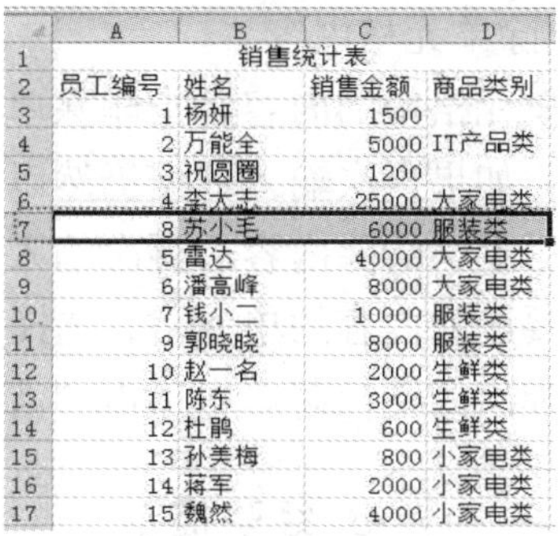

	A	B	C	D
1	销售统计表			
2	员工编号	姓名	销售金额	商品类别
3	1	杨妍	1500	
4	2	万能全	5000	IT产品类
5	3	祝圆圈	1200	
6	4	李大志	25000	大家电类
7	8	苏小毛	6000	服装类
8	5	雷达	40000	大家电类
9	6	潘高峰	8000	大家电类
10	7	钱小二	10000	服装类
11	9	郭晓晓	8000	服装类
12	10	赵一名	2000	生鲜类
13	11	陈东	3000	生鲜类
14	12	杜鹃	600	生鲜类
15	13	孙美梅	800	小家电类
16	14	蒋军	2000	小家电类
17	15	魏然	4000	小家电类

图 7-60　以插入方式移动数据效果

销售统计表			
员工编号	姓名	销售金额	商品类别
1	杨妍	1500	
2	万能全	5000	IT产品类
3	祝圆圈	1200	
4	李大志	25000	大家电类
8	苏小毛	6000	服装类
5	雷达	40000	大家电类
6	潘高峰	8000	大家电类
7	钱小二	10000	服装类
9	郭晓晓	8000	服装类
10	赵一名	2000	生鲜类
11	陈东	3000	生鲜类
12	杜鹃	600	生鲜类
13	孙美梅	800	小家电类
14	蒋军	2000	小家电类
15	魏然	4000	小家电类

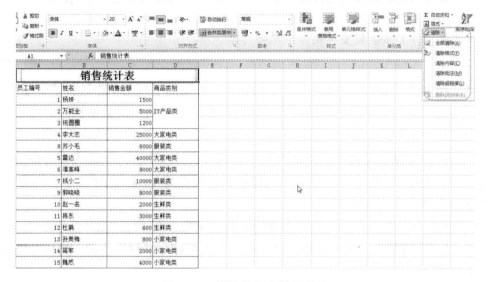

图 7-61　删除单元格数据格式

- 显示删除数据格式后的效果。如图 7-62 所示，标题格式恢复为普通正文。

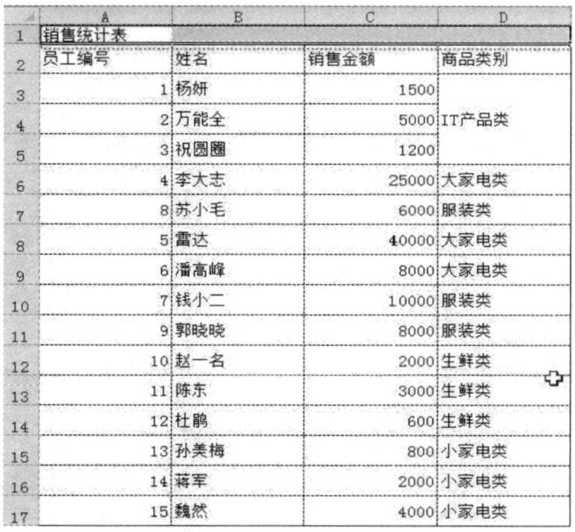

	A	B	C	D
1	销售统计表			
2	员工编号	姓名	销售金额	商品类别
3	1	杨妍	1500	
4	2	万能全	5000	IT产品类
5	3	祝圆圈	1200	
6	4	李大志	25000	大家电类
7	8	苏小毛	6000	服装类
8	5	雷达	40000	大家电类
9	6	潘高峰	8000	大家电类
10	7	钱小二	10000	服装类
11	9	郭晓晓	8000	服装类
12	10	赵一名	2000	生鲜类
13	11	陈东	3000	生鲜类
14	12	杜鹃	600	生鲜类
15	13	孙美梅	800	小家电类
16	14	蒋军	2000	小家电类
17	15	魏然	4000	小家电类

图 7-62　删除标题单元格数据格式效果

② 删除单元格内容

删除单元格中的内容是指删除单元格中的数据，单元格中设置数据的格式并没有被删除，如果再次输入数据仍然以设置的数据格式显示输入的数据，如单元格的格式为货币型，清除内容后再次输入数据，数据的格式仍为货币型数据。

单击要删除内容的单元格，选择"开始"选项卡，单击"编辑"组中的"清除"按钮，在弹出的下拉菜单中单击"清除内容"命令，将删除单元格中的内容。

◯—— ◯ 经验提示

　　删除单元格内容的快速操作方法还有两种，一种是选中要删除内容的单元格，右击，在弹出的快捷菜单中单击"清除内容"；一种是选中要删除内容的单元格，按 Delete 键直接删除单元格内容。

如果单击"编辑"组中的"清除"按钮，在弹出的下拉菜单中选择"全部清除"命令，则既可以清除单元格中的内容，又可以删除单元格中的数据格式。

（5）选择性粘贴

用户可以复制单元格中的特定内容，如销售统计表中，已经输入了每位员工的销售金额，后来公司决定将每位员工的计划销售额提高 10%，这时，就可以利用"选择性粘贴"命令完成这项工作。

① 在工作表的一个空白单元格中输入数值 1.1。

② 选择"开始"选项卡，单击"剪贴板"组中的"复制"按钮，将该数值复制到剪贴板中。

③ 选定要提高销售额的数据区域。

④ 选择"开始"选项卡，单击"剪贴板"组中的"粘贴"项的下三角按钮，从弹出的下拉菜单中选择"选择性粘贴"命令，整个过程如图 7-63 所示。

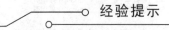

图 7-63　复制特定的内容

⑤ 打开"选择性粘贴"对话框，在"粘贴"区域内选中"数值"单选按钮，在"运算"区域内选中"乘"单选按钮。

⑥ 单击"确定"按钮，即可使选定的数值增加 10%，如图 7-64 所示。

图 7-64 选择性粘贴效果

4. 设置数据格式

对单元格及内容进行操作后，接下来是要将表格进一步美化，即还需要对工作表进行格式化。主要操作包括：设置对齐方式、设置数字格式、设置日期和时间、设置表格的边框、添加表格的填充效果、调整列宽与行高、快速套用表格格式以及设置条件格式等。

（1）设置字体格式

设置字体格式包括对文字的字体、字号、颜色等进行设置，以符合表格的标准。

① 选择目标单元格。如图 7-65 所示，单击 A1 单元格，选中该单元格。

② 设置字体格式。选择"开始"选项卡，单击"字体"组右下角的"对话框启动器"按钮，打开"设置单元格格式"对话框。如图 7-66 所示，选择"字体"标签，设置字体为"隶书"，选择字形为"加粗"，选择字号为 24，选择颜色为"蓝色"，单击"确定"按钮。

图 7-65 选择目标单元格

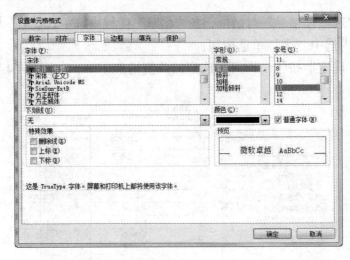

图 7-66 “设置单元格格式”对话框

③ 显示设置字体格式效果。如图 7-67 所示，A1 单元格中的“销售统计表”已显示效果。

	A	B	C	D
1	销售统计表			
2	员工编号	姓名	销售金额	商品类别
3	1	杨妍	1650	
4	2	万能全	5500	IT产品类
5	3	祝圆圈	1320	
6	4	李大志	27500	大家电类
7	8	苏小毛	6600	服装类
8	5	雷达	44000	大家电类
9	6	潘高峰	8800	大家电类
10	7	钱小二	11000	服装类
11	9	郭晓晓	8800	服装类
12	10	赵一名	2200	生鲜类
13	11	陈东	3300	生鲜类
14	12	杜鹃	660	生鲜类
15	13	孙美梅	880	小家电类
16	14	蒋军	2200	小家电类
17	15	魏然	4400	小家电类

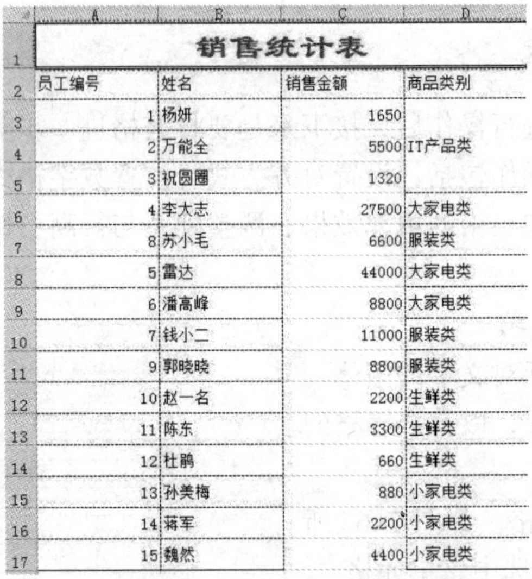

图 7-67　设置字体格式效果

经验提示

设置字体格式，在“开始”选项卡中的“字体”组中，可以快速的设置字体的相关格式，如单击“字体”下拉列表框右侧的下三角按钮，选择所需的字体；单击“加粗”按钮 **B**，就可以加粗字体等。

（2）**设置字体对齐方式**

输入数据时，文本靠左对齐，数字、日期和时间靠右对齐。为了使表格看起来更加美观，可以改变单元格中数据的对齐方式，但是不会改变数据的类型。

字体对齐方式包括水平对齐和垂直对齐两种，其中水平对齐包括靠左、居中和靠右等；垂直对齐方式包括靠上、居中和靠下等。

"开始"选项卡的"对齐方式"组中提供了几个设置水平对齐方式的按钮，如图 7-68 所示。

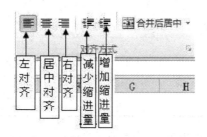

图 7-68 设置水平对齐方式的按钮

- 单击"左对齐"按钮，使所选择单元格内的数据左对齐。
- 单击"居中对齐"按钮，使所选单元格内的数据居中。
- 单击"右对齐"按钮，使所选单元格内的数据右对齐。
- 单击"减少缩进量"按钮，活动单元格中的数据向左缩进。
- 单击"增加缩进量"按钮，活动单元格中的数据向右缩进。
- 单击"合并后居中"按钮，使所选单元格合并为一个单元格，并将数据居中。

除了可以设置单元格的水平对齐方式外，还可以设置垂直对齐方式以及数据在单元格中的旋转角度，设置垂直对齐方式的按钮，如图 7-69 所示，分别为顶端对齐、垂直居中、底端对齐、方向和自动换行按钮。

图 7-69 设置垂直对齐方式的按钮

"水平居中"、"垂直居中"和"合并后居中"的操作在前面的整理数据时已经操作过。除按钮操作外，如果要详细设置字体对齐方式，可以选择单元格后，在"开始"选项卡中，单击"对齐方式"组右下角的"对话框启动器"按钮，打开"设置单元格格式"对话框并选择"对齐"标签，可以分别在"水平对齐"和"垂直对齐"下拉列表框中选择所需的对齐方式，如图 7-70 所示。如在"水平对齐"下拉列表框中选择"分散对齐"项，使单元格的内容撑满单元格；在"水平对齐"下拉列表框中选择"填充"项，使单元格的内容重复复制直至填满单元格。

图 7-70　"设置单元格格式"对话框

（3）设置数字格式

在工作表的单元格中输入的数字，通常按照常规格式显示，但是这种格式可能无法满足用户的要求，如会计做账中常用的是货币格式数据。

Excel 2010 提供了多种数字格式，并且进行了分类，如常规、数字、货币、特殊和自定义等。通过应用不同的数字格式，可以更改数字的外观，数字格式并不会影响 Excel 用于执行计算的实际单元格值，实际值显示在编辑栏中。

在"开始"选项卡中，"数字"组内提供了几个快速设置数字格式的按钮，分别是会计数字格式、百分比样式、千位分隔样式、减少小数位数和增加小数位数，如图 7-71 所示。

图 7-71　设置数字格式的按钮

- 单击"会计数字格式"按钮，可以在原数字前添加货币符号，并且增加两位小数。
- 单击"百分比样式"按钮，将原数字乘以 100，再在数字后加上百分号。
- 单击"千位分隔样式"按钮，在数字中加入千位符。
- 单击"增加小数位数"按钮，使数字的小数位数增加一位。
- 单击"减少小数位数"按钮，使数字的小数位数减少一位。

例如，要为单元格添加会计数字格式，可以按照下述步骤进行操作：

① 选择目标单元格。如图 7-72 所示，选择 C3:C17 区域。

② 设置数字格式。选择"开始"选项卡，单击"数字"组中的"会计数字格式"项右侧的下三角按钮，从下拉列表中选择"中文（中国）"。

图 7-72 选择目标单元格区域

③ 显示设置数字格式效果。如图 7-73 所示，选定区域中的数据添加了人民币符号￥。

图 7-73 设置会计数字格式效果

○ 经验提示

设置其他多种数字格式的快速方法是单击"开始"选项卡中"数字"组内的列表框下三角按钮，在弹出的下拉菜单中选择需要设置的格式，如图 7-74所示。

（4）设置边框与底纹

表格编排完毕后，都可以自行设置单元格或单元格区域的边框样式与底纹颜色，使制作出的表格更加美观。

① 设置边框

为了打印有边框线的表格，可以为表格添加不同线型的边框，具体操作步骤如下：

- 选择目标单元格区域。如图 7-75 所示，选择 A2:D17 单元格区域。
- 设置表格边框。选择"开始"选项卡，在"字体"组中单击"边框"按钮，在弹出的下拉菜单中单击"其他边框"命令，打开"设置单元格格式"对话框并选择"边框"标签。如图 7-76 所示，"边框"标签中可以进行如下设置：

图 7-74　设置数字格式下拉菜单

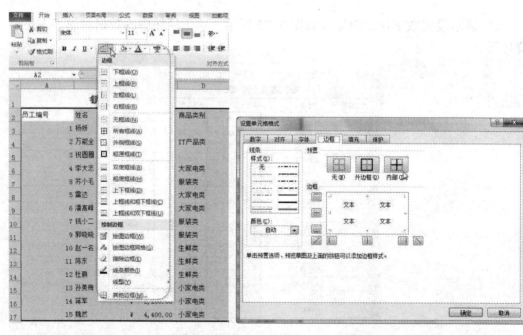

图 7-75　选择目标单元格区域　　　　图 7-76　"设置单元格格式"对话框

"样式"列表框：选择边框的线条样式，即线条形状。

"颜色"下拉列表框：选择边框的颜色。

"预置"选项组：单击"无"按钮将清除表格线；单击"外边框"按钮为表格添加外边框；单击"内部"按钮为表格添加内部边框。

"边框"选项组：通过单击该区域内的不同功能按钮可以自定义表格的边框位置。

- 显示设置边框效果。设置完毕后，单击“确定”按钮，即可看到设置效果，如图 7-77 所示。

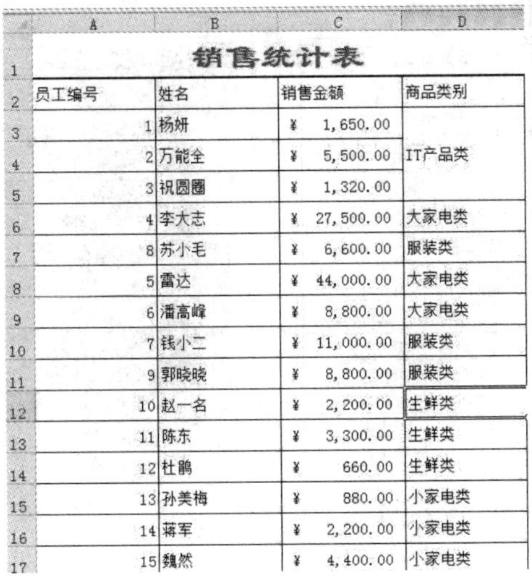

销售统计表

员工编号	姓名	销售金额	商品类别
1	杨妍	¥ 1,650.00	IT产品类
2	万能全	¥ 5,500.00	
3	祝圆圈	¥ 1,320.00	
4	李大志	¥ 27,500.00	大家电类
8	苏小毛	¥ 6,600.00	服装类
5	雷达	¥ 44,000.00	大家电类
6	潘高峰	¥ 8,800.00	大家电类
7	钱小二	¥ 11,000.00	服装类
9	郭晓晓	¥ 8,800.00	服装类
10	赵一名	¥ 2,200.00	生鲜类
11	陈东	¥ 3,300.00	生鲜类
12	杜鹃	¥ 660.00	生鲜类
13	孙美梅	¥ 880.00	小家电类
14	蒋军	¥ 2,200.00	小家电类
15	魏然	¥ 4,400.00	小家电类

图 7-77　设置表格边框效果

经验提示

为了看清添加的边框，选择“视图”选项卡，取消勾选“显示”组中的“网格线”复选框，即可隐藏未设置边框的网格线。

② 设置底纹

Excel 默认单元格的颜色是白色，并且没有图案，为了使表格中的重要信息更加醒目，可以为单元格添加填充效果。

- 选择目标单元格区域。如图 7-78 所示，选择 A2:A17 单元格区域。
- 设置底纹。选择“开始”选项卡，在“字体”组中单击“填充颜色”项右侧的下三角按钮，从下拉列表中选择所需的颜色。
- 显示设置底纹的效果。如图 7-79 所示，单元格区域 A2:A17 填充了“绿色”底纹。

经验提示

选择要设置填充效果的单元格，在“开始”选项卡中，单击“字体”组右下角的“对话框启动器”按钮，打开“设置单元格格式”对话框，在“填充”标签中还可以设置背景色、填充效果、图案颜色和图案样式等。

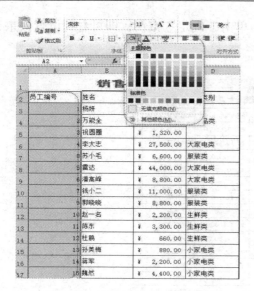

员工编号	姓名	销售金额	商品类别
1	杨妍		
2	万能全		品类
3	祝圆圈	¥ 1,320.00	
4	李大志	¥ 27,500.00	大家电类
8	苏小毛	¥ 6,600.00	服装类
5	雷达	¥ 44,000.00	大家电类
6	潘高峰	¥ 8,800.00	大家电类
7	钱小二	¥ 11,000.00	服装类
9	郭晓晓	¥ 8,800.00	服装类
10	赵一名	¥ 2,200.00	生鲜类
11	陈东	¥ 3,300.00	生鲜类
12	杜鹏	¥ 660.00	生鲜类
13	孙美梅	¥ 880.00	小家电类
14	蒋军	¥ 2,200.00	小家电类
15	魏然	¥ 4,400.00	小家电类

图 7-78 选择目标单元格区域

员工编号	姓名	销售金额	商品类别
1	杨妍	¥ 1,650.00	IT产品类
2	万能全	¥ 5,500.00	
3	祝圆圈	¥ 1,320.00	
4	李大志	¥ 27,500.00	大家电类
8	苏小毛	¥ 6,600.00	服装类
5	雷达	¥ 44,000.00	大家电类
6	潘高峰	¥ 8,800.00	大家电类
7	钱小二	¥ 11,000.00	服装类
9	郭晓晓	¥ 8,800.00	服装类
10	赵一名	¥ 2,200.00	生鲜类
11	陈东	¥ 3,300.00	生鲜类
12	杜鹏	¥ 660.00	生鲜类
13	孙美梅	¥ 880.00	小家电类
14	蒋军	¥ 2,200.00	小家电类
15	魏然	¥ 4,400.00	小家电类

图 7-79 设置底纹效果

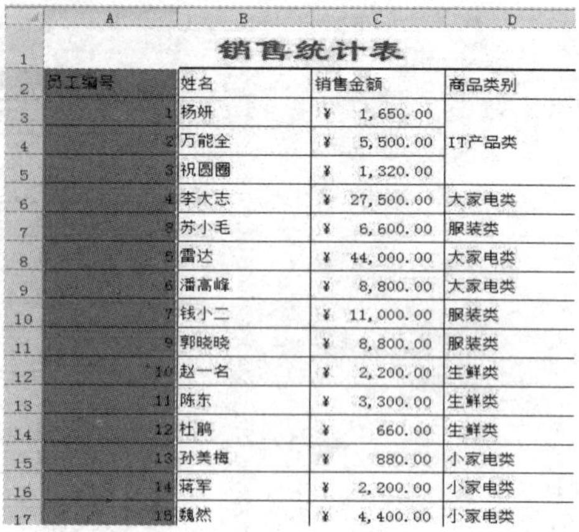

（5）**调整行高与列宽**

在工作表中输入数据后，为使制作出的数据表更加规范，可以对数据表的行高与列宽进行相应调整，从而使数据表的结构更加合理，也更利于数据的编排与查看。

① 调整表格列宽

表格列宽是指工作表中各个列的宽度，在单元格中输入数据后，可以根据数据的长度对所在列的宽度进行调整。一般有两种方法设置，一种是拖动调整列宽，一种是精确设置列宽。

- 拖动调整列宽

如图 7-80 所示，将鼠标指针移到目标列 B 的右边框线上，待鼠标指针呈双向箭头显示时，拖动鼠标即可改变列宽，达到合适宽度后，释放鼠标左键即可设置该列的宽度。

员工编号	姓名	销售金额	商品类别
1	杨妍	¥ 1,650.00	IT产品类
2	万能全	¥ 5,500.00	
3	祝圆圈	¥ 1,320.00	
4	李大志	¥ 27,500.00	大家电类
8	苏小毛	¥ 6,600.00	服装类
5	雷达	¥ 44,000.00	大家电类
6	潘高峰	¥ 8,800.00	大家电类
7	钱小二	¥ 11,000.00	服装类
9	郭晓晓	¥ 8,800.00	服装类
10	赵一名	¥ 2,200.00	生鲜类
11	陈东	¥ 3,300.00	生鲜类
12	杜鹏	¥ 660.00	生鲜类
13	孙美梅	¥ 880.00	小家电类
14	蒋军	¥ 2,200.00	小家电类
15	魏然	¥ 4,400.00	小家电类

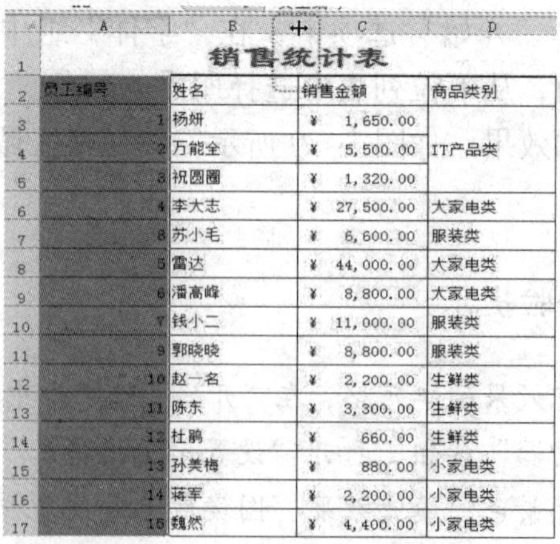

图 7-80 拖动调整列宽

- 精确设置列宽

选择目标列。如图 7-81 所示，单击列标 A，选中 A 列。

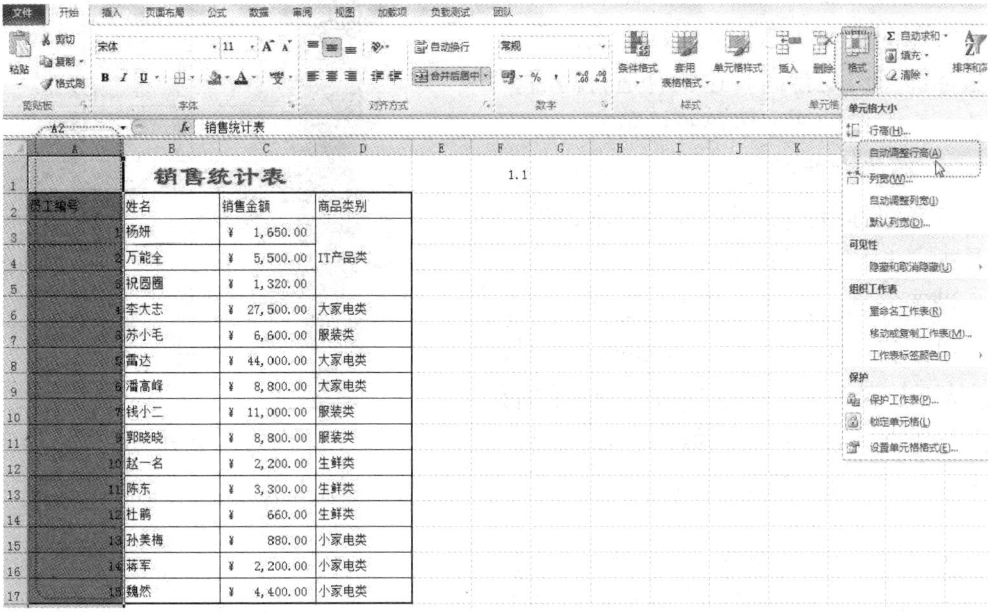

图 7-81 选择目标列

设置列宽。选择"开始"选项卡，单击"单元格"组的"格式"项的下三角按钮，从下拉菜单中，单击"列宽"。打开"列宽"对话框，输入宽度的值，单击"确认"按钮，如图 7-82所示。

图 7-82 "列宽"对话框

○—— 经验提示

快速设置合适列宽的方法是：鼠标指针移到目标列标右边框线上双击，自动调整为合适的列宽。

② 调整表格行高

同样地，对于行的设置类似于列的设置。表格行高是指工作表中各行的高度，在单元格中输入数据后，Excel 会根据字符的大小自动调整所在行的高度，用户也可以根据编排需要来灵活调整各行的高度。同样，调整行高一般也有两种方法，一种是拖动调整行高，一种是精确设置行高。

- 拖动调整行高

如图 7-83 所示，鼠标指针放置在目标行第一行的边框线上，鼠标指针呈向上向下的双向箭头状态，此时向上或向下拖动鼠标即可改变行高，达到合适行高后，释放鼠标左键即调整了该行的行高。

- 精确设置行高

选择目标行。如图 7-84 所示，单击行号 1，选中第一行。

设置行高。选择"开始"选项卡，单击"单元格"组的"格式"项的下三角按钮，从下拉菜单中，单击"行高"。打开"行高"对话框，输入行高的值，单击"确认"按钮，如图 7-85 所示。

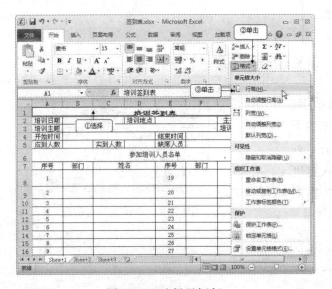

图 7-83 拖动调整行高

图 7-84 选择目标行　　　　图 7-85 "行高"对话框

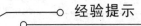

经验提示

选中多列（行）后，用鼠标拖动所选列（行）中的任意一条列（行）线，可以同时拖动调整多列（行）的宽度。

（6）套用表格格式

Excel 2010 提供了很多表格样式，当表格数据编排完毕后，就可以直接为数据套用表格样式，使数据表结构更加直观合理。下面以为"业务资费表"套用表格样式为例，介绍具体的操作步骤。

① 选择套用表格样式区域。如图 7-86 所示，选择 A2:D17 区域。

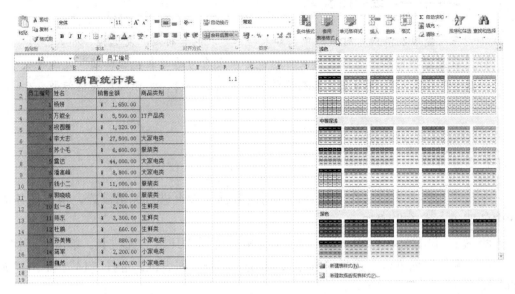

图 7-86 选择目标单元格区域

② 设置套用表格样式。选择"开始"选项卡，单击"样式"组中的"套用表格样式"项中的下三角按钮，在弹出的下拉列表框中，单击要套用的表格样式，打开"套用表格式"对话框，该对话框中显示了要套用样式的单元格区域，单击"确定"按钮，如图 7-87 所示。

③ 显示套用表格样式效果。所选区域套用表格样式，并在表格第一行的每个单元格中自动显示"筛选"按钮，如图 7-88 所示。

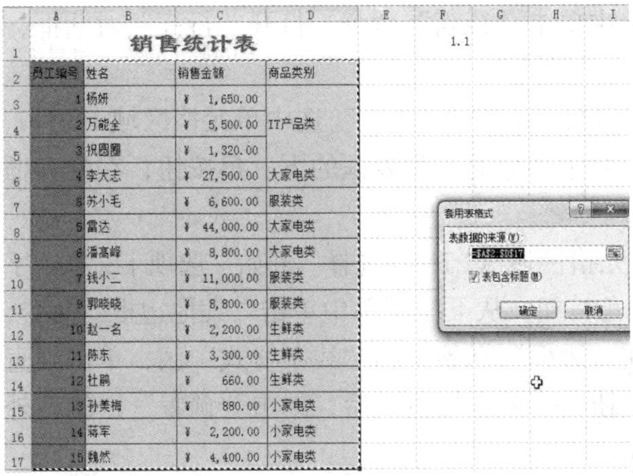

图 7-87 "套用表格式"对话框 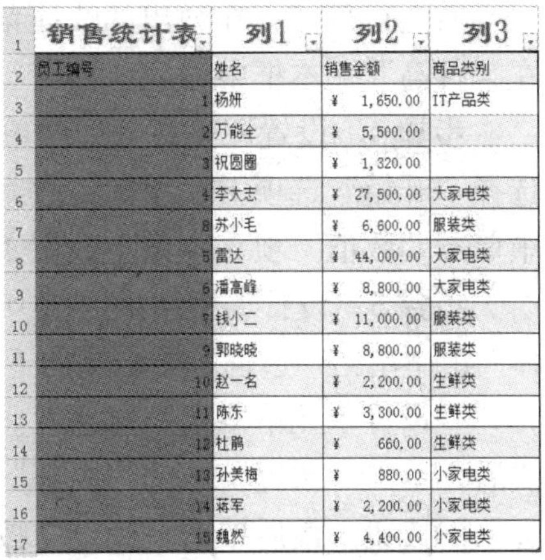   图 7-88 套用表格样式效果

④ 取消自动筛选。选中表格中的任意单元格，切换到"数据"选项卡，单击"排序和筛选"组中的"筛选"按钮，取消自动筛选。筛选将在后续内容中介绍。

○── 经验提示

在"套用表格式"对话框中，如果勾选"表包含标题"复选框，那么套用格式后会自动将第一行设置为表标题；如果没有勾选"表包含标题"复选框，那么套用格式后会自动在所选表格区域上方增加一行，用于编排表格标题。

任务实施

本阶段的任务实施是在上一节整理后的数据基础上进行编辑设置，根据任务描述中的要求，实施步骤如下：

步骤1 设置标题格式。选中 A1 单元格，选择"开始"选项卡，单击"字体"组中的"字体"列表框，选择"宋体"，单击"字号"列表框，选择"14"，单击"加粗"按钮。

右击行号 1，在弹出的快捷菜单中单击"行高"命令，打开"行高"对话框，在"行高"文本框中输入 30，单击"确定"。

步骤 2 设置全部数据单元格的垂直对齐方式为"垂直居中"。鼠标拖动从 A2 单元格到 J17，选择区域 A2:J17。选择"开始"选项卡，在"对齐方式"组中单击"垂直居中"按钮。

步骤 3 设置第 2 行的字体格式。选中区域 A2:J2，选择"开始"选项卡，单击"字体"组中的"字体"列表框，选择"宋体"，单击"字号"列表框，选择"10"，单击"加粗"按钮。

右击行号 2，在弹出的快捷菜单中单击"行高"命令，打开"行高"对话框，在"行高"文本框中输入"24"，单击"确定"。

步骤 4 设置评委评分列的单元格数字类型为"数值"。选中单元格区域 D3:J17，选择"开始"选项卡，单击"数字"组中"分类"列表框的下三角按钮，在列表框中单击"数值"项，并设小数位 1 位。

步骤 5 设置表格边框。选中单元格区域 A2:J17，选择"开始"选项卡，在"字体"组中单击"边框"项右侧的下三角按钮，从下拉菜单中单击"其他边框"命令，打开"设置单元格格式"对话框。在"边框"标签中的"线条样式"区，单击细直线后，单击"预置"区的"内部"按钮，再单击粗直线后，单击"预置"区的"外边框"按钮。最后单击"确定"按钮。

步骤 6 设置底纹及字体格式。选中单元格区域 A2:J2，选择"开始"选项卡，在"字体"组中单击"填充颜色"项右侧的下三角按钮，从下拉菜单中单击"红色，强调文字颜色 2，淡色 60%"；字体为"宋体"、字号"9"；行高为"15"。

在该组中单击"字体"列表框，选择"黑体"，单击"字号"列表框，选择"10"。

在"单元格"组中单击"格式"项下方的下三角按钮，从下拉菜单中单击"行高"，打开"行高"对话框，在"行高"文本框中输入"20"。

用同样的方法可以设置 A2:A17，单元格区域的填充颜色为"橄榄色，强调文字颜色 3，淡色 60%"；字体为"宋体"、字号"9"；行高为 15。

任务实施后的效果如图 7-89 所示。

歌手编号	姓名	性别	评委1	评委2	评委3	评委4	评委5	评委6	评委7
						歌手得分表			
001	赵一名	男	10.0	8.0	7.0	6.0	9.0	9.5	8.8
002	钱小二	男	9.0	8.0	10.0	9.0	8.5	9.9	8.6
003	孙美梅	女	9.5	6.5	9.5	10.0	8.9	9.0	10.0
004	李大志	男	8.0	7.0	10.0	9.0	6.0	8.8	9.0
005	杨妍	女	6.5	7.5	10.5	8.0	9.0	8.6	8.0
006	陈东	女	8.1	9.0	9.0	9.9	8.9	9.0	10.0
007	苏小毛	男	9.5	9.0	7.0	9.0	9.0	8.0	8.8
008	蒋军	男	8.0	7.0	10.0	9.0	8.5	9.0	8.6
009	雷达	男	9.0	6.5	9.5	7.0	8.9	9.0	10.0
010	万能全	男	10.0	9.0	8.0	10.0	6.0	9.0	8.9
011	杜鹃	女	7.0	8.0	9.0	8.0	9.0	10.0	9.0
012	郭晓晓	女	9.5	9.0	19.0	9.9	9.2	9.0	9.9
013	魏然	女	6.5	7.0	8.0	9.0	9.0	9.0	9.0
014	潘高峰	男	8.0	9.0	8.0	9.2	9.0	10.0	8.0
015	祝圆圈	女	9.0	10.0	10.0	9.0	9.0	8.0	10.0

图 7-89　"编辑数据"任务实施后效果

实 力 测 评

在前述学习的基础上，为了巩固操作技能，以下是实训部分，巩固所学知识与技能，教学中可根据专业及对象的不同参选使用。

1. 创建汽车销售管理工作簿

测评目的：

掌握创建新工作簿，熟练 Excel 中数据录入，单元格格式设置等基本操作。

测评要求：

① 在工作表中输入若干行数据并设置字体格式；

② 将标题单元格合并后居中；

③ 为表格列标题设置填充颜色；

④ 全部单元格对齐方式均设置为水平居中，垂直居中；

⑤ 为单元格区域添加边框线，内部为 0.5 磅单虚线，外框为红色 1.25 磅实线。

2. 创建淘宝网站某商品浏览人数统计工作簿

测评目的：

通过专业数据收集，创建新工作簿，设计制作出清晰明了、美观大方的数据表。

测评要求：

① 收集数据，设计上淘宝网浏览商品的人数统计表；

② 根据行业要求，制作精美实用的数据表。

3. 创建成绩管理工作簿

测评目的：

熟练掌握创建工作簿和编辑数据的方法与技巧，设置工作表格式和单元格格式。

测评要求：

① 通过填充方式快速输入"学生编号"数据；

② "姓名"列单元格的水平对齐方式为：分散对齐；

③ 套用表格格式；

④ C3:F12 数据区域设置条件格式，使用三色刻度标示单元格数据；

⑤ 将工作表命名为：单科成绩册。

⑥ 标题设置为合并后居中，设置边框线。

项目 8　工作表中的数据管理

Excel 2010 更强大的功能是对于表格中数据可作统计分析，大大方便日常办公中烦琐数据的统计工作，运用 Excel 2010 中的公式、函数可以帮助用户对数据内容进行计算，排序和筛选等，从而帮助用户整理杂乱无章的数据信息，运用数据透视表则更可以人性化地对大型表格的数据进行处理。子模块 8，是通过在项目 7 基本编辑基础上，实现对数据统计、分析从而方便记分员快捷地显示歌手得分情况，主要任务有计算数据、统计数据及分析数据。

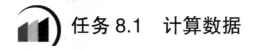

任务 8.1　计算数据

任务描述

通过公式或函数，对项目电子式的歌手评分表中"原始数据"工作表中的数据进行计算，完成各选手的"得分"项统计。

知识准备

1. 单元格引用

Excel 工作表中是以单元格形式进行编辑处理数据的，而对单元格的引用，主要有三种形式，它们分别是相对引用、绝对引用和混合引用。在不同的情况下，用户可根据需要选择适当的引用方式。

（1）相对引用

相对引用是基于公式中引用单元格的相对位置而言。相对引用优越性是，当公式所在单元格的位置发生改变时，所引用的单元格也会随之改变。如 B3 单元格的公式为"=B1+B2"，将 B3 单元格的公式复制到 D3 单元格，D3 单元格内的公式将自动调整为"=D1+D2"。相对引用是公式中最常用的引用方式。如在"销售统计表"中操作如下：

① 在公式中输入引用单元格。选中要输入公式的单元格，输入"="，然后输

入引用的单元格名称，并使用运算符连接，如图 8-1 所示，最后按下 Enter 键，完成公式运算。

② 显示相对引用效果。通过引用单元格计算出结果后，将公式复制到该列的其他单元格内，选中任意一个单元格，可以看到，公式所在位置更改后，所引用的单元格也会进行相应更改，所引用公式在地址编辑栏中可清晰地看到，如图 8-2 所示。

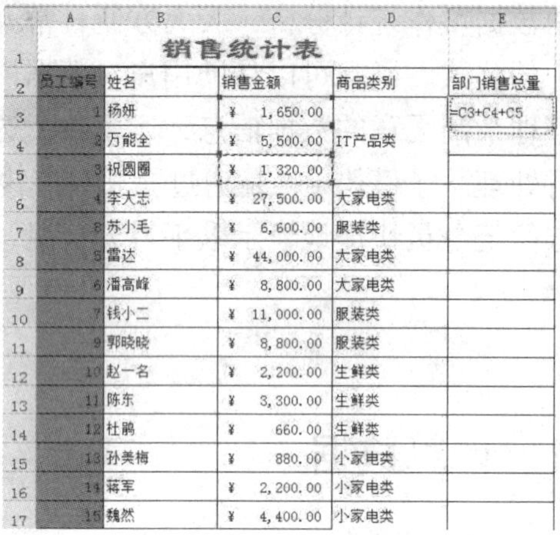

	A	B	C	D	E
1	销售统计表				
2	员工编号	姓名	销售金额	商品类别	部门销售总量
3	1	杨妍	¥ 1,650.00		=C3+C4+C5
4	2	万能全	¥ 5,500.00	IT产品类	
5	3	祝圆圈	¥ 1,320.00		
6	4	李大志	¥ 27,500.00	大家电类	
7	8	苏小毛	¥ 6,600.00	服装类	
8	5	雷达	¥ 44,000.00	大家电类	
9	6	潘高峰	¥ 8,800.00	大家电类	
10	7	钱小二	¥ 11,000.00	服装类	
11	9	郭晓晓	¥ 8,800.00	服装类	
12	10	赵一名	¥ 2,200.00	生鲜类	
13	11	陈东	¥ 3,300.00	生鲜类	
14	12	杜鹃	¥ 660.00	生鲜类	
15	13	孙美梅	¥ 880.00	小家电类	
16	14	蒋军	¥ 2,200.00	小家电类	
17	15	魏然	¥ 4,400.00	小家电类	

图 8-1　相对引用

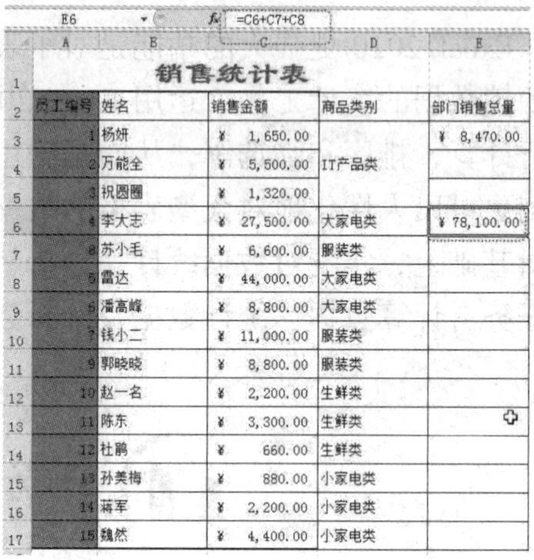

E6　=C6+C7+C8

	A	B	C	D	E
1	销售统计表				
2	员工编号	姓名	销售金额	商品类别	部门销售总量
3	1	杨妍	¥ 1,650.00		¥ 8,470.00
4	2	万能全	¥ 5,500.00	IT产品类	
5	3	祝圆圈	¥ 1,320.00		
6	4	李大志	¥ 27,500.00	大家电类	¥ 78,100.00
7	8	苏小毛	¥ 6,600.00	服装类	
8	5	雷达	¥ 44,000.00	大家电类	
9	6	潘高峰	¥ 8,800.00	大家电类	
10	7	钱小二	¥ 11,000.00	服装类	
11	9	郭晓晓	¥ 8,800.00	服装类	
12	10	赵一名	¥ 2,200.00	生鲜类	
13	11	陈东	¥ 3,300.00	生鲜类	
14	12	杜鹃	¥ 660.00	生鲜类	
15	13	孙美梅	¥ 880.00	小家电类	
16	14	蒋军	¥ 2,200.00	小家电类	
17	15	魏然	¥ 4,400.00	小家电类	

图 8-2　相对引用效果

（2）**绝对引用**

绝对引用是指公式中所使用单元格位置不发生改变的引用，即引用固定位置的单元格。使用绝对引用时，无论公式被粘贴到表格中的任何位置，所引用的单元格位置都不会发生改变。如在“销售统计表”中操作如下：

① 在公式中引用单元格。选中要输入公式的单元格，然后输入完整公式，最后将光标定位在要绝对引用的单元格 F1 中，如图 8-3 所示。

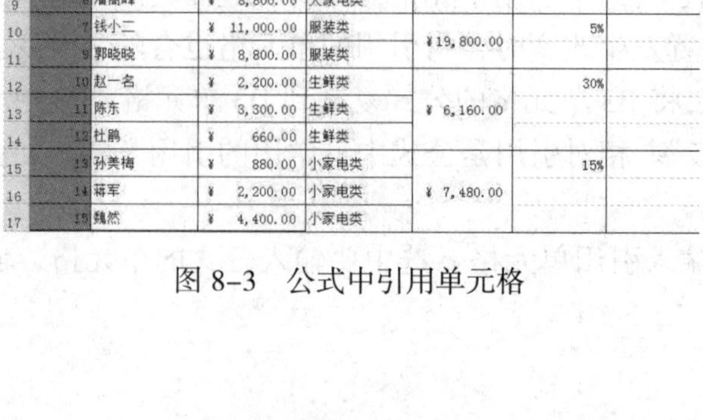

G3　=E3+F3

	A	B	C	D	E	F	G
1	销售统计表					1.1	
2	员工编号	姓名	销售金额	商品类别	部门销售总量	追加销售额比	追加销售金额
3	1	杨妍	¥ 1,650.00		¥ 8,470.00	10%	¥ 847.00
4	2	万能全	¥ 5,500.00	IT产品类			
5	3	祝圆圈	¥ 1,320.00				
6	4	李大志	¥ 27,500.00	大家电类	¥78,100.00	20%	
7	8	苏小毛	¥ 6,600.00	大家电类			
8	5	雷达	¥ 44,000.00	大家电类			
9	6	潘高峰	¥ 8,800.00	大家电类			
10	7	钱小二	¥ 11,000.00	服装类	¥19,800.00	5%	
11	9	郭晓晓	¥ 8,800.00	服装类			
12	10	赵一名	¥ 2,200.00	生鲜类	¥ 6,160.00	30%	
13	11	陈东	¥ 3,300.00	生鲜类			
14	12	杜鹃	¥ 660.00	生鲜类			
15	13	孙美梅	¥ 880.00	小家电类	¥ 7,480.00	15%	
16	14	蒋军	¥ 2,200.00	小家电类			
17	15	魏然	¥ 4,400.00	小家电类			

图 8-3　公式中引用单元格

② 设置绝对引用效果。定位好光标的位置后，按下 F4 键，在单元格名称的行号与列标前面就会显示出“$”符号，表示绝对引用该位置，按照同样的方法，将 F3 单元格也设置为绝对引用，如图 8–4 所示，最后按下 Enter 键。

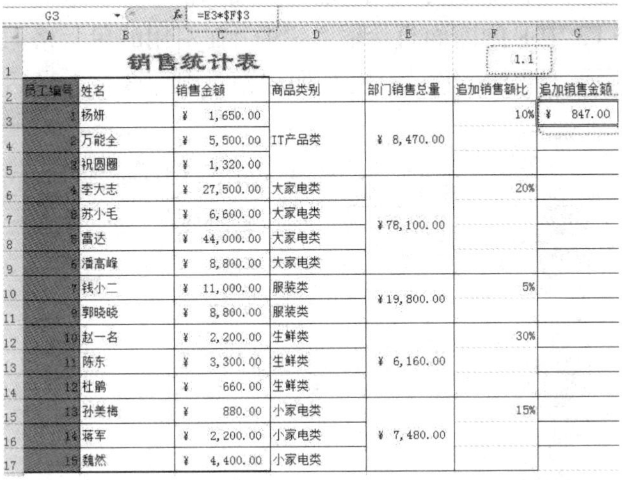
G3　=E3*F3

	A	B	C	D	E	F	G
1		销售统计表				1.1	
2	员工编号	姓名	销售金额	商品类别	部门销售总量	追加销售额比	追加销售金额
3	1	杨妍	¥ 1,650.00			10%	¥ 847.00
4	2	万能全	¥ 5,500.00	IT产品类	¥ 8,470.00		
5	3	祝圆圈	¥ 1,320.00				
6	4	李大志	¥ 27,500.00	大家电类		20%	
7	8	苏小毛	¥ 6,600.00	大家电类	¥78,100.00		
8	5	雷达	¥ 44,000.00	大家电类			
9	6	潘高峰	¥ 8,800.00	大家电类			
10	7	钱小二	¥ 11,000.00	服装类	¥19,800.00	5%	
11	9	郭晓晓	¥ 8,800.00	服装类			
12	10	赵一名	¥ 2,200.00	生鲜类		30%	
13	11	陈东	¥ 3,300.00	生鲜类	¥ 6,160.00		
14	12	杜鹏	¥ 660.00	生鲜类			
15	13	孙美梅	¥ 880.00	小家电类		15%	
16	14	蒋军	¥ 2,200.00	小家电类	¥ 7,480.00		
17	15	魏然	¥ 4,400.00	小家电类			

图 8–4　绝对引用设置

③ 显示绝对引用效果。在单元格中计算出结果后，将公式复制到该列的其他单元格内，然后选中任意一个单元格，可以看到，即使公式位置发生改变，公式中 F1 或 F3 单元格都没有发生改变，如图 8–5 所示。本例中是按追加额比相同计算，而不同则如何计算呢？

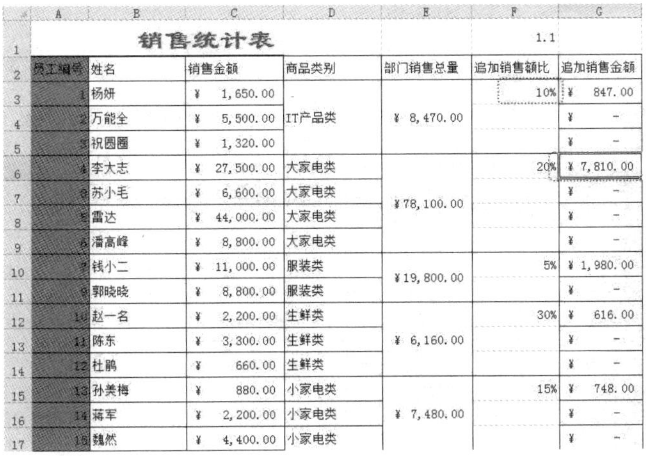

	A	B	C	D	E	F	G
1		销售统计表				1.1	
2	员工编号	姓名	销售金额	商品类别	部门销售总量	追加销售额比	追加销售金额
3	1	杨妍	¥ 1,650.00			10%	¥ 847.00
4	2	万能全	¥ 5,500.00	IT产品类	¥ 8,470.00		¥ -
5	3	祝圆圈	¥ 1,320.00				¥ -
6	4	李大志	¥ 27,500.00	大家电类		20%	¥ 7,810.00
7	8	苏小毛	¥ 6,600.00	大家电类	¥78,100.00		¥ -
8	5	雷达	¥ 44,000.00	大家电类			¥ -
9	6	潘高峰	¥ 8,800.00	大家电类			¥ -
10	7	钱小二	¥ 11,000.00	服装类	¥19,800.00	5%	¥ 1,980.00
11	9	郭晓晓	¥ 8,800.00	服装类			¥ -
12	10	赵一名	¥ 2,200.00	生鲜类		30%	¥ 616.00
13	11	陈东	¥ 3,300.00	生鲜类	¥ 6,160.00		¥ -
14	12	杜鹏	¥ 660.00	生鲜类			¥ -
15	13	孙美梅	¥ 880.00	小家电类		15%	¥ 748.00
16	14	蒋军	¥ 2,200.00	小家电类	¥ 7,480.00		¥ -
17	15	魏然	¥ 4,400.00	小家电类			¥ -

图 8–5　绝对引用效果

（3）**混合引用**

混合引用是一种介于相对引用与绝对引用之间的引用，即引用单元格行或列采用了不同的引用方式，一个是相对地址，一个绝对地址，当要求绝对引用行时，采用$行数字形式，当要求绝对引用列时，采用$列字母形式。如果公式所在单元格的位置改变，则相对引用改变，而绝对引用不变。以"销售统计表"中的"追加销售额"列的计算为例。

① 为公式设置列和行的绝对引用。选中要输入公式的单元格 G3 中，输入完整公式，在引用单元格 F3 中 F 的前面直接输入"$"，在引用的单元格 F3 中 3 的前面不加"$"，如图 8-6 所示，即表示绝对引用 F 列和相对引用 3 行，最后按下 Enter 键。

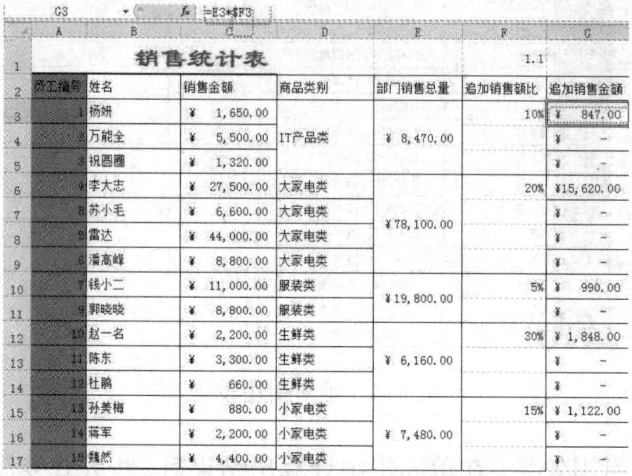

图 8-6　设置混合引用

② 复制单元格公式。在单元格中完成公式的运算后，右击公式所在单元格，在弹出的快捷菜单中单击"复制"命令，如图 8-7 所示。

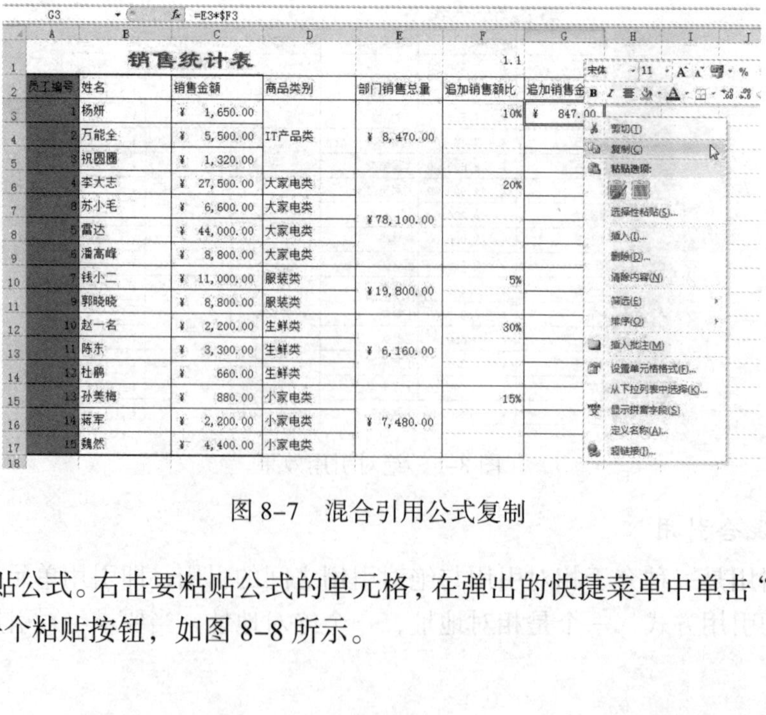

图 8-7　混合引用公式复制

③ 粘贴公式。右击要粘贴公式的单元格，在弹出的快捷菜单中单击"粘贴选项"区域中第一个粘贴按钮，如图 8-8 所示。

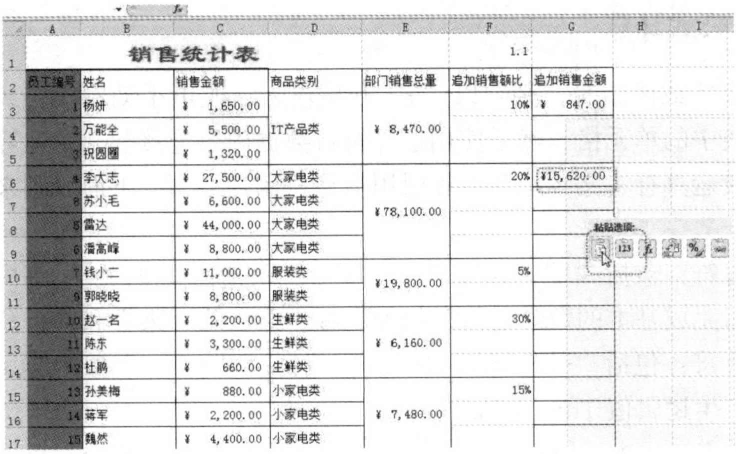

员工编号	姓名	销售金额	商品类别	部门销售总量	追加销售额比	追加销售金额
1	杨妍	¥ 1,650.00	IT产品类	¥ 8,470.00	10%	¥ 847.00
2	万能全	¥ 5,500.00				
3	祝圆圈	¥ 1,320.00				
4	李大志	¥ 27,500.00	大家电类	¥78,100.00	20%	¥15,620.00
8	苏小毛	¥ 6,600.00	大家电类			
5	雷达	¥ 44,000.00	大家电类			
6	潘高峰	¥ 8,800.00	大家电类			
7	钱小二	¥ 11,000.00	服装类	¥19,800.00	5%	
9	郭晓晓	¥ 8,800.00	服装类			
10	赵一名	¥ 2,200.00	生鲜类	¥ 6,160.00	30%	
11	陈东	¥ 3,300.00	生鲜类			
12	杜鹏	¥ 660.00	生鲜类			
13	孙美梅	¥ 880.00	小家电类	¥ 7,480.00	15%	
14	蒋军	¥ 2,200.00	小家电类			
15	魏然	¥ 4,400.00	小家电类			

图 8-8　混合引用公式粘贴

④ 显示混合引用效果。将公式复制到其他单元格后，选中任意一个复制公式的单元格，可以看到公式的位置发生改变后，公式中 A 列与 2 行的位置没有发生改变，而其他列与行的位置却发生了改变，如图 8-9 所示。

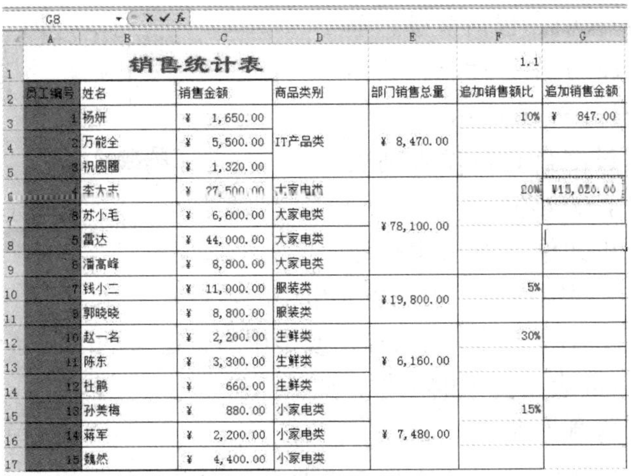

员工编号	姓名	销售金额	商品类别	部门销售总量	追加销售额比	追加销售金额
1	杨妍	¥ 1,650.00	IT产品类	¥ 8,470.00	10%	¥ 847.00
2	万能全	¥ 5,500.00				
3	祝圆圈	¥ 1,320.00				
4	李大志	¥ 27,500.00	大家电类	¥78,100.00	20%	¥15,620.00
8	苏小毛	¥ 6,600.00	大家电类			
5	雷达	¥ 44,000.00	大家电类			
6	潘高峰	¥ 8,800.00	大家电类			
7	钱小二	¥ 11,000.00	服装类	¥19,800.00	5%	
9	郭晓晓	¥ 8,800.00	服装类			
10	赵一名	¥ 2,200.00	生鲜类	¥ 6,160.00	30%	
11	陈东	¥ 3,300.00	生鲜类			
12	杜鹏	¥ 660.00	生鲜类			
13	孙美梅	¥ 880.00	小家电类	¥ 7,480.00	15%	
14	蒋军	¥ 2,200.00	小家电类			
15	魏然	¥ 4,400.00	小家电类			

图 8-9　混合引用效果

经验提示

在公式中引用单元格时，除了引用当前工作表中的单元格外，也可以在工作簿中引用其他工作表的单元格。如要在工作表 Sheet3 内引用工作表 Sheet2 的单元格 C5 时，则在公式中输入“Sheet2!C5”，即用感叹号“!”将工作表引用和单元格引用分开，如果工作表已经命名，则使用“工作表名称!单元格引用”，即可成功引用其他工作表中的单元格。

2. 设计公式计算

在编辑公式或函数时，必须以"="开始输入，既可手动输入公式，也可以直接引用工作表中的单元格，然后使用运算符将数据内容连接起来。运算符包括算术运算符、比较运算符、文本运算符和引用运算符四种类型。下面分别来介绍一下这4种运算符。

算术运算符：包括"+"、"-"、"*"、"/"、"^"、"%"和"（）"等内容。通过算术运算符可以完成基本的数学运算，如加、减、乘、除、乘方和求百分数。

比较运算符：包括"="、">"、"<"、">="、"<="、"<>"等内容，用于比较两个数值，并产生逻辑值 True 或 False。

文本运算符：文本运算符只有一个"&"，用于将一个或多个对象连接为一个组合文本，其含义是将两个文本值连接或串联起来，产生一个连续的文本值。

引用运算符：包括":"、","、空格，用于将单元格区域合并运算。

在单元格中输入了公式并完成计算后，单元格中将只显示结果，而公式的具体内容则会显示在工具栏的编辑栏中。

（1）公式的组成

一个完整的公式中会包括常量、单元格或单元格区域的引用、标志、名称或函数等内容，如图 8-10 所示。

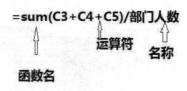

图 8-10　公式的组成

- 常量指通过键盘直接输入到表格中的数字或文本。
- 单元格或单元格区域引用指通过使用一些固定的格式引用单元格中的数据。
- 名称指直接引用某区域的名称，或是用户自定义的区域名称。
- 函数指 Excel 表格提供的函数，如 Sum、Average 等。

（2）公式的编辑与复制

使用公式计算数据时，用户可根据需要在工作表的单元格内编辑需要的公式，然后确认输入的公式，程序就会执行计算操作。当用户需要为几个单元格使用同一公式时，可通过复制公式的操作，让其他单元格也使用该公式。下面就完整的公式或函数引用作说明。

① 例如在销售统计表中，为统计部门人数，确定目标单元格如 H3，然后输入"="，如图 8-11 所示。

② 输入公式。在单元格内输入了"="后，输入 count 函数,单击要引用的单元格 C3:C5，然后回车，如图 8-12 所示。

③ 输入完毕，按下 Enter 键，单元格中就会显示出运算结果，如图 8-13 所示。

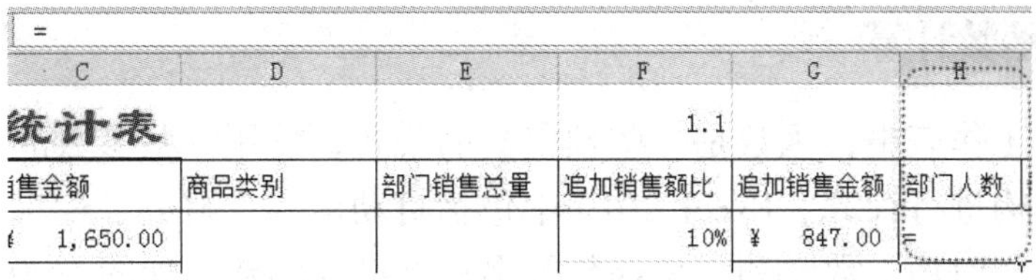

图 8-11　定位输入

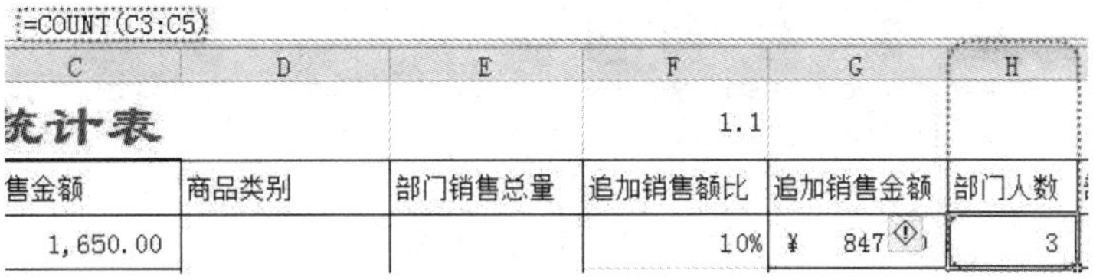

图 8-12　输入公式

图 8-13　公式运算

④ 复制公式。选中输入公式的单元格，将鼠标指向单元格右下角，当指针变成黑色十字形状时，向下拖动鼠标，如图 8-14 所示。

⑤ 显示复制公式。将鼠标拖至目标位置后，释放鼠标，鼠标所经过的单元格就全部被复制了公式，并显示出计算结果，如图 8-15 所示。

图 8-14　复制公式

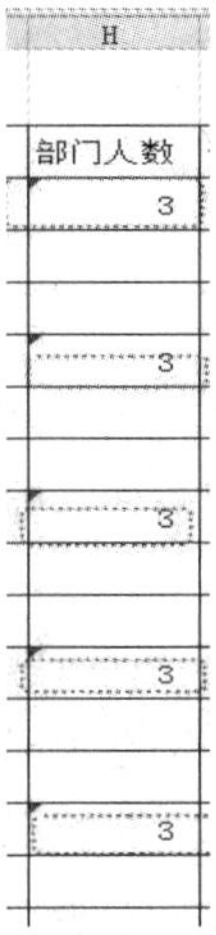

图 8-15　复制公式效果

215

3. 运用函数计算

在 Excel 工作表中，函数是一些预定义的公式，使用一些参数的特定数值按特定的顺序或结构进行计算。Excel 2010 中包括自动求和、财务、逻辑、文本、日期与时间、查找与引用、数学和三角函数等多种类型的函数。如图 8-16 所示。

图 8-16　函数库

使用函数时，首先要选择插入的函数类型，程序将会弹出函数的参数设置对话框，用户在其中可以根据需要设置参数的数值。如：在"公式"选项卡中单击"文本"下拉按钮中的"FIND"，如图 8-17 所示。打开"函数参数"对话框后，将光标定位在要设置的参数文本框内，参数区域下方就会显示出该参数的解释内容，设置完毕后，单击"确定"按钮，程序将自动执行该函数的运算。如图 8-18 所示。

图 8-17　插入函数

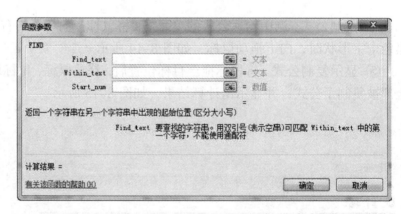

图 8-18　"函数参数"对话框

（1）定义函数

函数是公式的一种，能够简便地处理复杂的计算。参数是函数计算和处理的必要条件，使用函数时，用户只要指定函数中必要的参数，就可以得到计算结果。

一个完整的函数中包括等号、函数名以及参数三部分，具体分布以及各部分的作用介绍如图 8-19 所示。

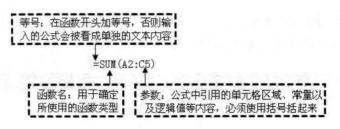

图 8-19　函数的组成

（2）输入函数

　　输入函数时，如果用户对函数不太了解，为确保函数的正确性，可通过插入的方式将函数添加到单元格内，然后根据需要对函数中各参数进行编辑。以在"销售统计表"中部门内平均销售额的计算，运用平均值函数为例来介绍函数的用法。

　　① 选择目标单元格。单击要插入函数的单元格 I3，如图 8-20 所示。

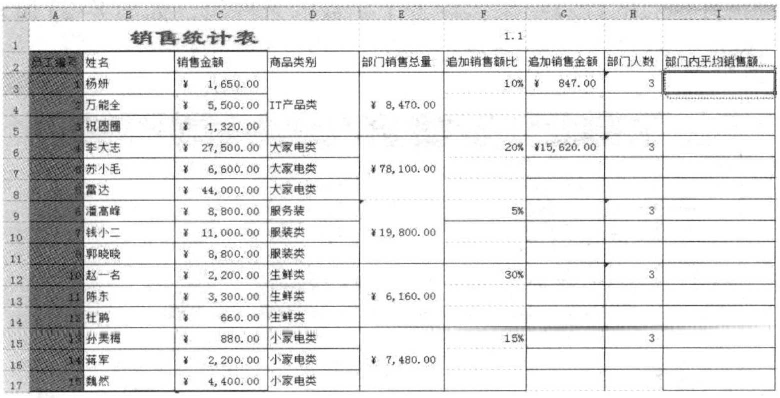

图 8-20　选择目标单元格

　　② 插入函数。选择"公式"选项卡，单击"函数库"组中的"插入函数"下拉按钮，在展开的下拉列表中单击"平均值"项，如图 8-21 所示。

图 8-21　选择函数

③ 设置函数的运算对象。弹出"函数参数"对话框,在"Number1"文本框内输入要使用的数据所在单元格 D3:D:5,如图 8-22 所示。

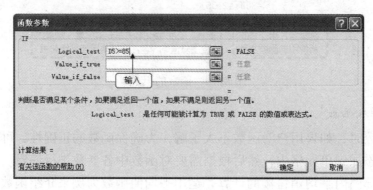

图 8-22　设置函数计算内容

④ 设置条件函数的计算结果。设置了函数的条件后,如图 8-23 所示,然后单击"确定"按钮。

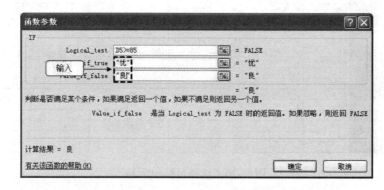

图 8-23　设置函数的计算结果

⑤ 复制公式。返回工作表可以看到,选中的单元格内已显示出计算的结果"3",将鼠标指向该单元格右下角,当指针变成黑色十字形状时,向下拖动鼠标,如图 8-24 所示。

I6			f_x	=AVERAGE(C6:C8)				
	A	B	C	D	E	F	G	H	I
1	销售统计表					1.1			
2	员工编号	姓名	销售金额	商品类别	部门销售总量	追加销售额比	追加销售金额	部门人数	部门内平均销售额
3	1	杨妍	¥ 1,650.00			10%	¥ 847.00	3	¥ 2,823.33
4	2	万能全	¥ 5,500.00	IT产品类	¥ 8,470.00				
5		祝圆圈	¥ 1,320.00						
6		李大志	¥ 27,500.00	大家电类		20%	¥15,620.00		¥ 26,033.33
7		苏小毛	¥ 6,600.00	大家电类	¥ 78,100.00				
8		雷达	¥ 44,000.00	大家电类					
9		潘高峰	¥ 8,800.00	服务装		5%		3	¥ 9,533.33
		钱小二	¥ 11,000.00	服装类	¥ 19,800.00				

图 8-24　复制公式

⑥ 显示复制分工效果。将鼠标拖至适当位置后释放鼠标，就完成了为该单元格中其他单元格使用平均值函数计算的操作，如图 8-25 所示。

（3）使用嵌套函数

嵌套函数是指在一个函数中再使用另一个函数，一个函数中最多可嵌套 7 层。嵌套函数的使用范围很广，以"销售统计表"中的"部门平均销售额"列的计算为例，介绍函数嵌套及组和使用的操作。

① 选择目标单元格。单击要插入函数的单元格 I3，如图 8-26 所示。

部门内平均销售额
￥　　2,823.33
￥　26,033.33
￥　　9,533.33
￥　　2,053.33
￥　　2,493.33

图 8-25　平均值函数计算结果

	A	B	C	D	E	F	G	H	I
1		销售统计表					1.1		
2	员工编号	姓名	销售金额	商品类别	部门销售总量	追加销售额比	追加销售金额	部门人数	部门内平均销售额
3	1	杨妍	￥　1,650.00			10%	￥　847.00	3	
4	2	万能全	￥　5,500.00	IT产品类	￥ 8,470.00				
5	3	祝圆圈	￥　1,320.00						
6	4	李大志	￥ 27,500.00	大家电类		20%	￥15,620.00	3	
7	8	苏小毛	￥　6,600.00	大家电类	￥78,100.00				

图 8-26　选择目标单元格

② 插入函数。选择"公式"选项卡，单击"函数库"组中的"自动求和"按钮，在展开的下拉列表中单击"求和"项，如图 8-27 所示。

③ 当完成第一层求和函数的计算后，接下来需要对部门人数作计算，类似地运用到计数函数，如图 8-28 所示。

图 8-27　选择函数

=SUM(C3:C5)/count(C3:C5)

	C	D	E	F	G	H	I
	销售统计表				1.1		
	销售金额	商品类别	部门销售总量	追加销售额比	追加销售金额	部门人数	部门内平均销售额
	￥　1,650.00			10%	￥　847.00	3	)/count(C3:C5)

图 8-28　选择编辑函数的嵌套

④ 设置完各函数的参数后，按回车，即如图 8-29 所示计算结果。

`=SUM(C3:C5)/COUNT(C3:C5)`

	C	D	E	F	G	H	I
充计表				1.1			
售金额		商品类别	部门销售总量	追加销售额比	追加销售金额	部门人数	部门内平均销售额
	1,650.00			10%	¥　847.00	①	¥　2,823.33
	5,500.00	IT产品类	¥ 8,470.00				
	1,320.00						
	27,500.00	大家电类		20%	¥15,620.00	3	¥　26,033.33
	6,600.00	大家电类	¥78,100.00				
	44,000.00	大家电类					
	8,800.00	服务装		5%		3	¥　9,533.33
	11,000.00	服装类	¥19,800.00				
	8,800.00	服装类					
	2,200.00	生鲜类		30%		3	¥　2,053.33
	3,300.00	生鲜类	¥ 6,160.00				
	660.00	生鲜类					
	880.00	小家电类		15%		3	¥　2,493.33
	2,200.00	小家电类	¥ 7,480.00				
	4,400.00	小家电类					

图 8-29　嵌套函数计算结果

（4）VLOOKUP( )函数

VLOOKUP 函数是 Excel 中的一个纵向查找函数，它与 LOOKUP 函数和 HLOOKUP 函数属于一类函数，在工作中都有广泛应用。VLOOKUP 是按列查找，最终返回该列所需查询列序所对应的值；与之对应的 HLOOKUP 是按行查找的。

VLOOKUP 函数的语法结构

VLOOKUP(lookup_value, table_array, col_index_num, [range_lookup])

可以理解为 VLOOKUP(查找值，查找范围，查找列数，精确匹配或者近似匹配)。

在我们的工作中，几乎都使用精确匹配，该项的参数一定要选择为 false，否则返回值会出乎你的意料。

VLOOKUP 函数使用方法

VLOOKUP 就是竖直查找，即列查找。通俗地讲，根据查找值参数，在查找范围的第一列搜索查找值，找到该值后，则返回值为：以第一列为准，往后推数查找列数值的这一列所对应的值。这里要注意的是须保证搜索查找列应是搜索范围的首列，且搜索范围表达时须用绝对地址方式。

首先，选中要输入数据的单元格，输入函数式为：=VLOOKUP(H3,A3: F19,5,FALSE)，如图 8-30 所示。另外，我们在日常生活中，因大部分会使用精确的匹配去查找到我们想要查询的值，故就不要使用 true，因为使用 true 会给你带来意想不到的输出结果，所以最好是使用 false 作为精确匹配查找。然后，按回车即可得到查询结果。

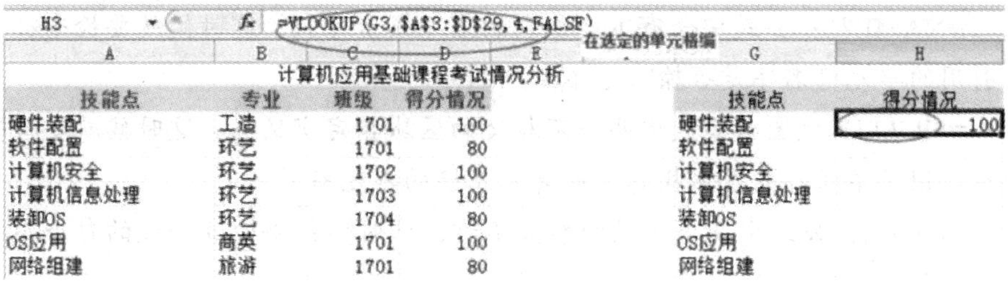

图 8-30 输入函数

最后，按公式复用法，顺次向下拖拽鼠标得到后续各项的查询值，如图 8-31 所示。

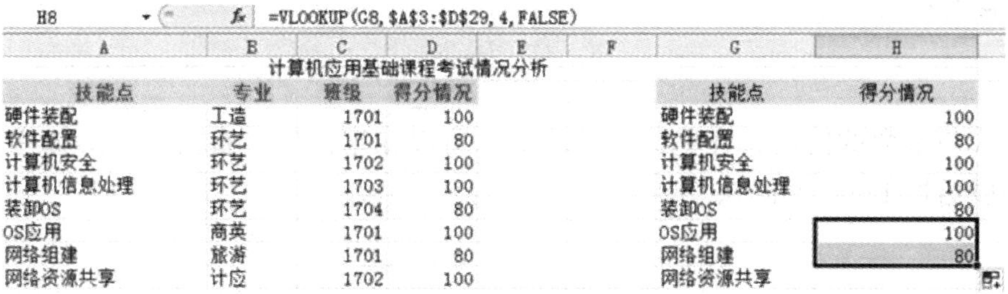

图 8-31 输入函数

---○ 经验提示

公式与函数中返回错误值的解析：

使用函数或公式时，如果输入的公式不正确或者不符合程序要求，就无法完成计算，返回工作表时，在单元格中会显示出运算的错误值信息，如####!、#DIV/0!、#N/A、#NAME？、#NULL!、#NUM!、#REF!、#VALUE!。了解这些错误值信息的含义可以帮助用户修改单元格中的公式。下面来介绍几种常见的错误值的含义。

####!：公式产生的结果或输入的常数太长，当前单元格宽度不够，不能正确地显示出来，将单元格加宽就可以避免这种错误。

#DIV/0!：公式中产生了除数或者分母为 0 的错误，这时候就要检查以下几项：

① 公式中是否引用了空白的单元格或数值为 0 的单元格作为除数；

② 引用的宏程序是否包含有返回"#DIV/0!"值的宏函数；

③ 是否有函数在特定条件下返回"#DIV/0!"错误值。

#N/A：引用的单元格中没有可以使用的数值，在建立数学模型缺少个别数据时，可以在相应的单元格中输入"#N/A"，以免引用空单元格。

　　#NAME？：公式中含有不能识别的名字或者字符，这时候就要检查公式中引用的单元格名字是否输入了不正确的字符。

　　#NULL!：试图为公式中两个不相交的区域指定交叉点，这时候就要检查是否使用了不正确的区域操作符或者不正确的单元格引用。

　　#NUM!：公式中某个函数的参数不对，这时候就要检查函数的每个参数是否正确。

　　#REF!：引用中有无效的单元格，移动、复制和删除公式中的引用区域时，应当注意是否破坏了公式中单元格引用，检查公式中是否有无效的单元格引用。

　　#VALUE!：在需要数值或者逻辑值的地方输入了文本，检查公式或者函数的数值和参数。

　　公式与函数的使用，在熟练的情况下，可以在定位后，直接在"编辑栏"中书写，完成后按 Enter 键确认。

（任务实施）

　　按照"任务描述"中提出的计算要求，依次按如下步骤实现：

　　步骤1　计算各位歌手的得分。单击 K3 单元格，输入公式"=SUM(D3:J3)"，按 Enter 键确认。选中 K3 单元格，鼠标指针移动到右下角，形成黑色十字形状时拖动到 K17，释放鼠标，"各位选手总的得分"全部计算出来了。

　　步骤 2　计算各系列选手的"最高分"列。单击 L3 单元格，输入公式"=MAX (D3:J3)"，按 Enter 键确认。选中 L3 单元格，鼠标指针移动到右下角，形成黑色十字形状时拖动到 L17，释放鼠标，"各位选手所得最高分"全部计算出来了，同地样锁定 M3 单元格完成类似地最低分计算。

　　步骤3　计算"每位选手的得分"。单击单元格 N3，输入公式"=(SUM(D3:J3)–MAX(D3:J3)–MIN(D3:J3))/COUNTA(D3:J3)"后，按 Enter 键确认。任务实施后的结果如图 8–32 所示。

平均得分 (D3：J3)
6.4
6.7
6.0
5.9
6.5
6.3
6.2
6.2
6.4
6.1
6.8
5.9
6.3
6.7

图 8–32　任务实施后的计算得到的选手分数

任务 8.2　分析数据

任务描述

制作与编排数据表后，通常需要对数据进行各种分析，如本任务中将歌手的得分作排名，以方便评出一、二、三等奖，这里主要是通过 Excel 2010 中的函数、排序及筛选来实现。

知识准备

1. 排序

在 Excel 工作表中数据量较大时，将数据按一定顺序排列，可通过查找与使用，简单的可通过"升序"和"降序"按钮快速进行，但对于量大且相对复杂的排序，则可以通过"排序"对话框，来设置选定排序的关键字完成复杂排序。常用的排序方法主要有三种，分别是单条件排序（即升序或降序）、多条件排序（设置若干排序关键字）以及自定义排序（自定义设置排序序列）。这 3 种方法有各自的优点与缺点，用户可根据需要使用适当的方法。

（1）使用单条件快速排序

单条件排序的优点在于操作简单、快捷，用户可以很方便地完成操作。但是其缺点是排序的条件单一，只能应用于简单的排序操作中。以"销售统计表"为例介绍相关的操作。

① 选择目标单元格。单击要作为排序关键字的一列单元格内任意一个单元格，如图 8-33 所示。注意，这种排序的前提是没有合并单元格。

员工编号	姓名	销售金额		商品类别	部门销售总额		追加销售额比	追加销售金额		部门人数	部门内平均销售额	
		销售统计表						1,1				
1	杨妍	¥	1,650.00	IT产品类	¥	8,470.00	10%	¥	847.00	1	¥	2,823.33
2	万能全	¥	5,500.00									
3	祝圆圆	¥	1,320.00									
4	李大志	¥	27,500.00	大家电类	¥	78,100.00	20%	¥15,620.00		3	¥	26,033.33
5	苏小毛	¥	6,600.00	大家电类								
6	雷达	¥	44,000.00	大家电类								
7	潘高峰	¥	8,800.00	服务装	¥	19,800.00	5%			3	¥	9,533.33
8	钱小二	¥	11,000.00	服装类								
9	郭晓晓	¥	8,800.00	服装类								
10	赵一名	¥	2,200.00	生鲜类	¥	6,160.00	30%			3	¥	2,053.33
11	陈东	¥	3,300.00	生鲜类								
12	杜鹃	¥	660.00	生鲜类								
13	孙美梅	¥	880.00	小家电类	¥	7,480.00	15%			3	¥	2,493.33
14	蒋军	¥	2,200.00	小家电类								
15	魏熙	¥	4,400.00	小家电类								

图 8-33　选择目标单元格

② 单击"降序"按钮。选择"数据"选项卡，单击"排序和筛选"组中的"降序"按钮，如图 8-34 所示。

③ 显示排序效果。经过以上操作后，降序排列的操作就完成了，在工作表中可以看到"平均销售额"列的数值已按照从高到低的顺序进行排列，并且其他单元格内的数值也进行了相应调整，其效果如图 8-35 所示。

图 8-34 单击"降序"按钮 　　　　　图 8-35 "降序"排序效果

（2）**多条件排序**

多条件排序法可以指定几个条件为依据，对表格中的数据进行排序。这种排序方法的优点在于其精确性。排序时，如果在第一个排序条件中遇到重复的数据，表格会自动以第二个条件为准，继续进行排序。如下述操作：

① 在销售统计表，若出现平均值相同，则再选择第二个排序目标单元格。如图 8-36 所示，选中要排序的单元格区域 A3:I17。

图 8-36 选择目标单元格

② 单击"排序"按钮。选择"数据"选项卡，单击"排序和筛选"组中的"排序"按钮，如图 8-37 所示。

③ 选择排序的主要关键字。弹出"排序"对话框后，单击"主要关键字"框右侧的下三角按钮，在展开的下拉列表中单击"类别"项，如图 8-38 所示。

图 8-37 单击"排序"按钮　　　　　图 8-38 选择"主关键字"

④ 单击"选项"按钮。选择了主要关键字后，由于"类别"列的内容为平均销售额，所以要对排序的方法进行设置，单击对话框右上角的"选项"按钮，弹出"排序选项"对话框后，单击选中"方法"区域内的"字母排序"单选按钮，然后单击"确定"按钮，如图 8-39 所示。

⑤ 单击"添加条件"按钮。返回"排序"对话框，单击对话框左上角的"添加条件"按钮，如图 8-40 所示，为排序再添加一个排序条件。

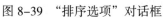

图 8-39 "排序选项"对话框　　　　　图 8-40 "添加条件"按钮

⑥ 设置次要关键字及排列次序。添加了条件后，单击"次要关键字"框右侧的下三角按钮，在展开的下拉列表中单击"销售总额"选项，按照类似方法，将该关键字的"次序"设置为"升序"，如图 8-41 所示，最后单击"确定"按钮。

⑦ 显示多条件排序效果，返回工作表即可看到，选择的表格区域已经以"平均销售额"为关键字按照它的降序排，并且对重复的内容按照库存量的升序进行了排序，其效果如图 8-42 所示。

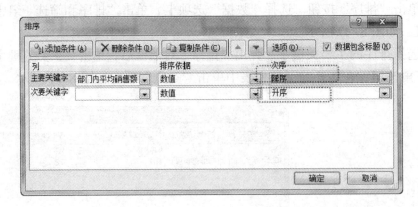

图 8-41 设置"次要关键字"

销售统计表   1.1

员工编号	姓名	销售金额	商品类别	部门销售总量	追加销售额比	追加销售金额	部门人数	部门内平均销售额
4	李大志	¥ 27,500.00	大家电类	¥ 38,500.00	20%	¥ 7,700.00	3	¥ 12,833.33
6	潘高峰	¥ 8,800.00	服务装	¥ 3,080.00	5%		3	¥ 3,960.00
10	赵一名	¥ 2,200.00	生鲜类	¥ 4,730.00	30%		3	¥ 1,576.67
13	孙美梅	¥ 880.00	小家电类	¥ 8,030.00	15%		3	¥ 2,676.67
1	杨妍	¥ 1,650.00	IT产品类	¥ 8,470.00	10%	¥ 847.00	3	¥ 2,823.33
2	万能全	¥ 5,500.00						
3	祝圆圈	¥ 1,320.00						
3	苏小毛	¥ 6,600.00	大家电类					

图 8-42 多条件排序效果

（3）自定义排序

自定义排序是指用户自己定义数据排列的顺序，该方法的优点在于其灵活性。

① 例如在歌手评分表中，当得分相同时，排名次一样，但可再运用姓名排序分出先后，操作有：先选择目标单元格，单击"排序"按钮。选中数据区中的任一单元格，选择"数据"选项卡，单击"排序和筛选"组中的"排序"按钮。

② 单击"自定义序列"选项。弹出"排序"对话框后，单击"次序"框右侧的下三角按钮，在展开的下拉列表中单击"自定义序列"选项。

③ 添加序列。弹出"自定义序列"对话框后，在"输入序列"列表框内按顺序输入要排列的序列，各序列间用 Enter 键分割，输入完毕后，单击"添加"按钮，在"自定义序列"列表框内即可看到添加的内容，单击"确定"按钮。

④ 设置排序的主要关键字。返回"排序"对话框，单击"主要关键字"框右侧的下三角按钮，在展开的下拉列表中单击"选手姓名"项，最后经排序后的效果如图 8-43 所示。

歌手编号	姓名	性别	评委1	评委2	评委3	评委4	评委5	评委6	评委7	总得分	最高分	最低分	平均得分
						歌手所得平均分							
012	郭晓晓	女	9.5	9.0	19.0	9.9	9.2	9.0	9.9				6.8
015	祝圆圈	女	9.0	10.0	10.0	9.0	9.0	8.0	10.0				6.7
003	孙美梅	女	9.5	6.5	9.5	10.0	8.9	9.0	10.0				6.7
006	陈东	女	8.1	9.0	9.0	9.9	8.9	9.0	10.0				6.5
002	钱小二	男	9.0	8.0	10.0	9.0	8.5	9.9	8.6				6.4
010	万能全	男	10.0	9.0	8.0	10.0	6.0	9.0	8.9				6.4
014	潘高峰	男	8.0	9.0	9.0	9.2	9.0	10.0	8.0				6.3
007	苏小毛	男	9.5	9.0	7.0	9.0	9.0	8.0	8.8				6.3
009	雷达	男	9.0	6.5	9.5	7.0	8.9	9.0	10.0				6.2
008	蒋军	男	8.0	7.0	10.0	9.0	9.0	8.0	8.6				6.2
011	杜鹃	女	7.0	8.0	9.0	8.0	9.0	10.0	9.0				6.1
004	李大志	男	8.0	7.0	10.0	9.0	6.0	8.8	9.0				6.0
005	杨妍	女	6.5	7.5	10.5	8.0	9.0	8.6	8.0				5.9
013	魏然	女	6.5	7.0	8.0	8.0	9.0	9.0	9.0				5.9
001	赵一名	男	10.0	8.0	7.0	9.0	9.0	9.5	8.8				

图 8-43　自定义排序效果

2. 筛选

Excel 工作表中筛选数据就是将满足一定条件的数据提取出来，而不满足条件的数据会暂时隐藏。筛选数据的方法有很多种，根据表格内容不同，程序的筛选方法也会发生相应改变。下面将对常用的搜索筛选、按范围筛选进行讲解，有兴趣的可自行学习色彩筛选。另外，对于筛选条件较多的情形，用户可以使用高级筛选功能。

（1）**使用搜索功能进行筛选**

Excel 2010 的筛选列表中新增加了搜索文本框，筛选时，用户可直接在搜索文本框中输入关键字，程序将自动执行筛选操作。以"销售统计表"为例，介绍具体操作过程。

① 选择目标单元格。选中表格数据区域中的任意一个单元格，如图 8-44 所示。

② 单击"筛选"按钮。选择"数据"选顶卡，单击"排序和筛选"组中的"筛选"按钮，如图 8-45 所示。

销售统计表

员工编号	姓名	销售金额	商品类别	部门销售总量	追加销售额比	追加销售金额	部门人数	部门内平均销售额
4	李大志	¥ 27,500.00	大家电类	¥ 38,500.00	20%	¥ 7,700.00	3	¥ 12,833.33
6	潘高峰	¥ 8,800.00	服务装	¥ 3,080.00	5%		3	¥ 3,960.00
10	赵一名	¥ 2,200.00	生鲜类	¥ 4,730.00	30%		3	¥ 1,576.67
13	孙美梅	¥ 880.00	小家电类	¥ 8,030.00	15%		3	¥ 2,676.67
5	杨妍	¥ 1,650.00	IT产品类	¥ 8,470.00	10%	¥ 847.00	3	¥ 2,823.33
7	万能全	¥ 5,500.00						
8	祝圆圈	¥ 1,320.00						
9	苏小毛	¥ 6,600.00	大家电类					
3	雷达	¥ 44,000.00	大家电类					
1	钱小二	¥ 11,000.00	服装类					
2	郭晓晓	¥ 8,800.00	服装类					
11	陈东	¥ 3,300.00	生鲜类					
12	杜鹃	¥ 660.00	生鲜类					
14	蒋军	¥ 2,200.00	小家电类					
16	魏然	¥ 4,400.00	小家电类					

图 8-44　"筛选"定位　　　　　　　　　图 8-45　单击筛选按钮

③ 输入搜索的关键字。返回工作表，在表格的标题行即可看到一个下三角按钮，单击该按钮，在展开的筛选列表框中的"搜索"框内输入搜索关键字，如图 8-46 所示。

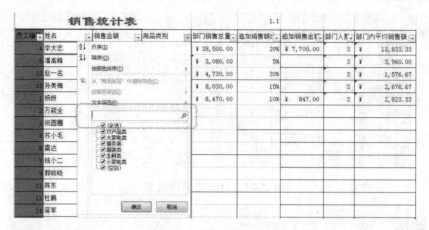

图 8-46 输入搜索关键字

④ 显示筛选结果。在文本框内输入搜索关键字后，单击"确定"按钮，返回表格即可看到，与关键字有关的项已全部被筛选出来，其效果如图 8-47 所示。

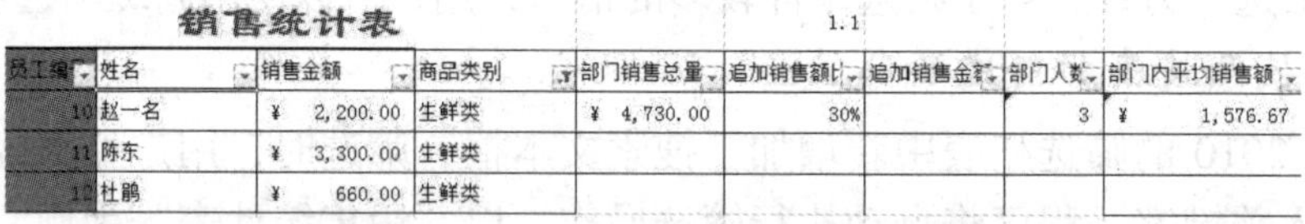

员工编	姓名	销售金额	商品类别	部门销售总量	追加销售额比	追加销售金额	部门人数	部门内平均销售额
10	赵一名	¥ 2,200.00	生鲜类	¥ 4,730.00	30%		3	¥ 1,576.67
11	陈东	¥ 3,300.00	生鲜类					
12	杜鹃	¥ 660.00	生鲜类					

图 8-47 搜索筛选生鲜类的数据效果

（2）通过设置范围进行筛选

通过范围筛选数据是指通过设置筛选的条件对数据进行筛选。下面以"销售统计表"为例，来介绍使用该方法搜索的操作步骤。

① 选择筛选选项。单击"销售金额"列筛选按钮，在展开的筛选列表中单击"数字筛选"→"大于"项，如图 8-48 所示。

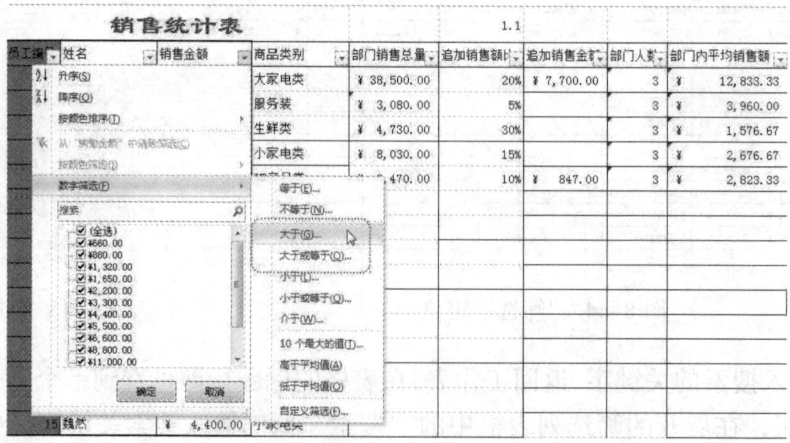

图 8-48 选择筛选选项

② 设置筛选内容。弹出"自定义自动筛选方式"对话框后，在"大于"右侧文本框内输入筛选的数值 6000，然后单击"确定"按钮，如图 8-49 所示。

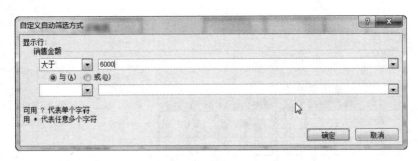

图 8-49　设置筛选内容

③ 显示筛选效果。经过以上操作后，返回表格中，即可看到"销售金额"列中，所有大于 6000 的数值均被筛选出来，而小于 6000 的数值则被隐藏，其效果如图 8-50 所示。

销售统计表　　　　　　　　　　1.1

员工编号	姓名	销售金额	商品类别	部门销售总量	追加销售额比	追加销售金额	部门人数	部门内平均销售额
4	李大志	¥　27,500.00	大家电类	¥ 38,500.00	20%	¥ 7,700.00	3	¥　12,833.33
6	潘高峰	¥　 8,800.00	服装类	¥　3,080.00	5%		3	¥　 3,960.00
1	苏小毛	¥　 6,600.00	大家电类					
5	雷达	¥　44,000.00	大家电类					
7	钱小二	¥　11,000.00	服装类					
2	郭晓晓	¥　 8,800.00	服装类					

图 8-50　筛选效果

（3）高级筛选

使用高级筛选功能时，用户需要事先在表格中编辑多个筛选条件，这些条件可位于同一行（筛选条件同时都满足，条件之间是"与"关系），也可位于不同行（筛选条件不同时满足，条件之间是"或"关系），在具体筛选时，用户还可根据需要设置筛选的结果放置的位置。由于前面已用过案例，这里不再重复高级筛选操作。

（**任务实施**）

步骤 1　选定目标单元格。单击"原始数据"工作表数据区域中的任意一个单元格。

步骤 2　单击"筛选"按钮。选择"数据"选项卡，单击"排序和筛选"组中的"筛选"按钮，如图 8-51 所示，在标题行即可看到一个下三角按钮。

步骤 3　输入搜索的关键字。单击标题行的筛选按钮，在展开的筛选列表框中的"搜索"框内输入搜索的文本关键字"蒋军"，如图 8-52 所示。

图 8-51　设置"筛选"　　　　　　　　图 8-52　输入搜索关键字

步骤 4　显示搜索结果。单击"确定"按钮，返回表格即可看到，与关键字有关的项已全部被筛选出来，其效果如图 8-53 所示。

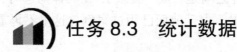

图 8-53　筛选结果

在办公软件管理大量数据中，数据筛选的使用可以大大方便数据的处理，方便将同类数据筛选汇集在一起，从而方便对整体内容的分析。

任务 8.3　统计数据

任务描述

对已经确认和计算后的数据进行分类汇总统计，用图表清晰地表达出相关数据，便于用户更加直观地查看数据的分布和规律。在本项目中，将各选手的成绩加以分析统计以期方便记分员及评委会使用数据信息。

知识准备

1. 分类汇总

分类汇总就是将数据表按照特定的某一关键序列，对相应的数据进行汇总的过程，汇总结果可以是求和、求平均值等。下面以"销售统计表"中的数据为例介绍具体操作。

（1）**数据分类汇总**

① 选择排序列。先就表中数据作排序，这是分类汇总的前提，排序操作略。

② 排序数据。排序后可以看到数据表中是按某列作的排序，接下来单击"分类汇总"按钮，选择分类字段。将数据表按照 A 列排序后，选择"数据"选项卡，单击"分级显示"组中的"分类汇总"按钮，如图 8-54 所示，弹出"分类汇总"对话框，将"分类字段"设置为"商品类别"；设置"汇总方式"为"求和"；在"选定汇总项"列表框中勾选"部门销售总额"复选框，最后单击"确定"按钮。

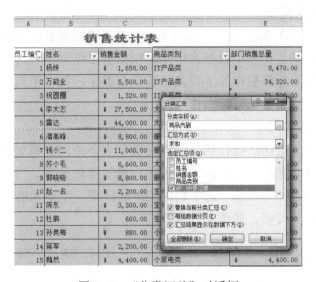

图 8-54　"分类汇总"对话框

③ 分类汇总数据。此时即可对数据表进行分类汇总，同时直接在表格中显示汇总结果。如图 8-55 所示。

经验提示

分类汇总实际上是完成了分类和汇总两项操作，首先需要通过排序功能对数据进行分类排序，然后按照分类进行汇总。因此，在分类汇总之前，必须先将数据表按照分类序列进行排序。

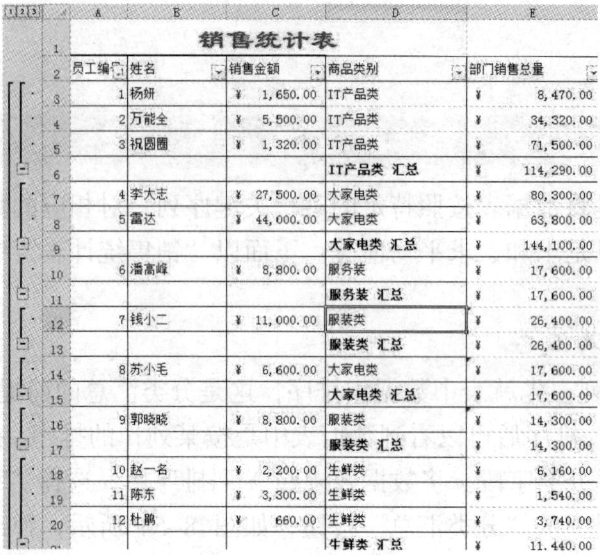

	A	B	C	D	E
1	销售统计表				
2	员工编号	姓名	销售金额	商品类别	部门销售总量
3	1	杨妍	¥ 1,650.00	IT产品类	¥ 8,470.00
4	2	万能全	¥ 5,500.00	IT产品类	¥ 34,320.00
5	3	祝圆圈	¥ 1,320.00	IT产品类	¥ 71,500.00
6				IT产品类 汇总	¥ 114,290.00
7	4	李大志	¥ 27,500.00	大家电类	¥ 80,300.00
8	5	雷达	¥ 44,000.00	大家电类	¥ 63,800.00
9				大家电类 汇总	¥ 144,100.00
10	6	潘高峰	¥ 8,800.00	服务装	¥ 17,600.00
11				服务装 汇总	¥ 17,600.00
12	7	钱小二	¥ 11,000.00	服装类	¥ 26,400.00
13				服装类 汇总	¥ 26,400.00
14	8	苏小毛	¥ 6,600.00	大家电类	¥ 17,600.00
15				大家电类 汇总	¥ 17,600.00
16	9	郭晓晓	¥ 8,800.00	服装类	¥ 14,300.00
17				服装类 汇总	¥ 14,300.00
18	10	赵一名	¥ 2,200.00	生鲜类	¥ 6,160.00
19	11	陈东	¥ 3,300.00	生鲜类	¥ 1,540.00
20	12	杜鹃	¥ 660.00	生鲜类	¥ 3,740.00
21				生鲜类 汇总	¥ 11,440.00

图 8-55　分类汇总结果

（2）***嵌套分类汇总***

嵌套分类汇总是在单项分类汇总的基础上，继续根据其他序列对数据表进行进一步分类汇总，也就是在一个数据表中同时根据多个结果组合进行分类汇总。操作方式上只是就分类汇总参数作如下设置，改变分类字段值、汇总方式值及是否勾选“替换当前分类汇总”复选框，操作从略。

（3）***删除分类汇总***

有时用完分类汇总功能操作后，需要将数据表还原回到原始数据状态，可将分类汇总删除，就可以进行其他数据分析统计，删除操作如下。

① 单击“分类汇总”按钮。选中数据表中的任意一个单元格，单击“分级显示”组中的“分类汇总”按钮，如图 8-56 所示。

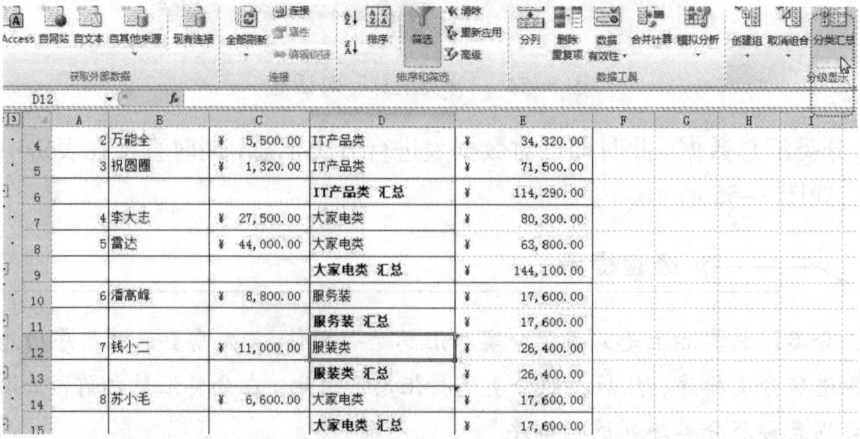

	A	B	C	D	E
4	2	万能全	¥ 5,500.00	IT产品类	¥ 34,320.00
5	3	祝圆圈	¥ 1,320.00	IT产品类	¥ 71,500.00
6				IT产品类 汇总	¥ 114,290.00
7	4	李大志	¥ 27,500.00	大家电类	¥ 80,300.00
8	5	雷达	¥ 44,000.00	大家电类	¥ 63,800.00
9				大家电类 汇总	¥ 144,100.00
10	6	潘高峰	¥ 8,800.00	服务装	¥ 17,600.00
11				服务装 汇总	¥ 17,600.00
12	7	钱小二	¥ 11,000.00	服装类	¥ 26,400.00
13				服装类 汇总	¥ 26,400.00
14	8	苏小毛	¥ 6,600.00	大家电类	¥ 17,600.00
15				大家电类 汇总	¥ 17,600.00

图 8-56　单击“分类汇总”按钮

② 单击"全部删除"按钮。弹出"分类汇总"对话框，单击对话框中"全部删除"按钮，如图 8-57 所示。

③ 删除分类汇总结果。此时即可将数据表中的分类汇总结果全部删除，而恢复到汇总前的数据表内容，如图 8-58 所示。

图 8-57　单击"全部删除"按钮　　　　图 8-58　删除分类汇总结果

2. 制作数据透视表

数据透视表是一种交互式的数据报表，可以快速汇总比较大量的数据，同时对汇总结果进行各种筛选以查看源数据的不同统计结果。下面根据"销售统计表"为例创建数据透视表。

（1）创建数据透视表

① 单击"数据透视表"按钮。选中"销售统计表"中的 A2:E17 单元格区域，选择"插入"选项卡，单击"表格"组中的"数据透视表"按钮右侧的下三角按钮，在展开的列表中，单击"数据透视表"项，如图 8-59 所示。

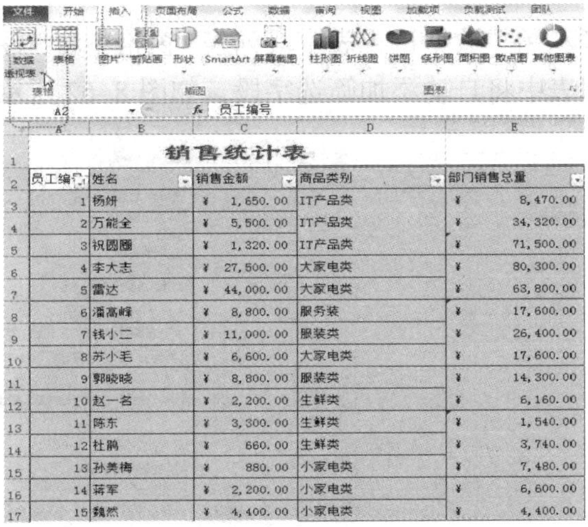

图 8-59　单击"数据透视表"按钮

② 设置创建选项。弹出"创建数据透视表"对话框，由于之前已经选定了数据，这里只需将创建位置选中为"新工作表"，最后单击"确定"按钮，如图 8-60 所示。

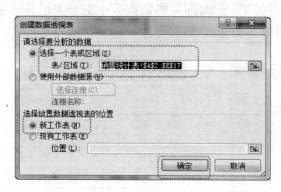

图 8-60 "创建数据透视表"对话框

③ 创建数据透视表。此时即可新建一张工作表，并在其中显示空白数据透视表，右侧显示出"数据透视表字段列表"窗格，如图 8-61 所示。

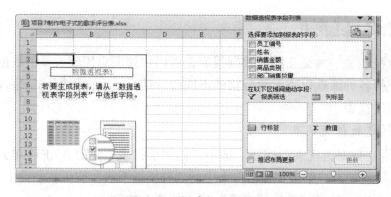

图 8-61 创建数据透视表

④ 添加筛选字段。在"数据透视表字段列表"窗格中将"姓名"字段拖动到"报表筛选"框中，数据表中将自动添加筛选字段，如图 8-62 所示。

图 8-62 添加筛选字段

⑤ 添加其他字段。将"销售金额"字段分别拖动到"数据"、"行标签"框中，如图 8-63 所示。

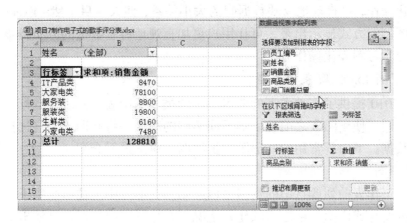

图 8-63　添加其他字段

（2）**查看数据透视表**

数据透视表创建完毕后，就可以关闭"数据透视表字段列表"窗格，并在工作表中组合查看不同的汇总结果。查看数据透视表的操作如下。

查看商品类别汇总金额。要查看"IT 产品类"所有汇总，则单击"行标签"字段下的下拉按钮，在弹出的下拉列表中选择"IT 产品类"，单击"确定"按钮，即可筛选出 IT 产品类的汇总金额，如图 8-64 所示。

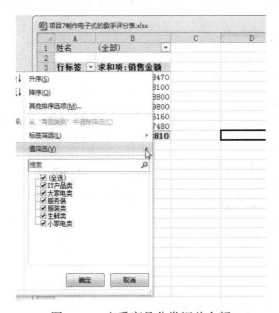

图 8-64　查看商品分类汇总金额

其他类的查看汇总信息类似，不再举例。

3. 图表

图表化操作，可直观地反映数据间的大小关系，使人一目了然。Excel 工作表中的数据以图例的方式显示出来，可让用户更加直观地查看数据的分布及走势变化规律。本部分学习图表化操作方法。

（1）了解 Excel 图表的类型

Excel 2010 提供了多种类型的图表。不同类型的图表，其表现数据的方式和适用范围也不同。使用图表之前先了解不同类型的图表，将有助于用户选择最佳的图表来展示数据。下面就常用的柱形图、折线图、饼图进行介绍。

① 柱形图

排列在工作表的列或行中的数据可以绘制到柱形图中。柱形图用于显示一段时间内的数据变化或说明各项之间的比较情况。在柱形图中，通常沿横坐标轴组织类别，沿纵坐标轴组织值。柱形图具有下列图表子类型：簇状柱形图和三维簇状柱形图。簇状柱形图可比较多个类别的值，它使用二维垂直矩形显示值。三维图表形式的簇状柱形图仅使用三维透视效果显示数据，不会使用第三条数值轴（竖坐标轴）。如图 8-65 所示。

② 折线图

排列在工作表的列或行中的数据可以绘制到折线图中。折线图可以显示随时间而变化的连续数据（根据常用比例设置），因此非常适用于显示在相等时间间隔下数据的趋势。在折线图中，类别数据沿水平轴均匀分布，所有的值数据沿垂直轴均匀分布，如图 8-66 所示。

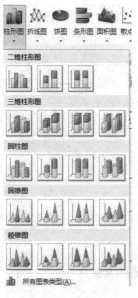

图 8-65　柱形图类

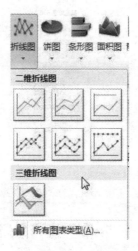

图 8-66　折线图

③ 饼图

仅排列在工作表 的一列或一行中的数据可以绘制到饼图中。饼图显示一个数据系列中各项的大小，与各项总和成比例。饼图中的数据点显示为整个饼图的百分比，如图 8-67 所示。

使用饼图的情况：仅有一个要绘制的数据系列，要绘制的数值没有负值，要绘制的数值几乎没有零值，不超过 7 个类别，各类别分别代表整个饼图的一部分。

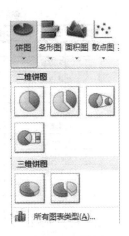

图 8-67　饼图

（2）创建数据图表

图表是将数据表以图例方式展现出来，创建图表时，首先需要创建或打开数据表，然后根据数据表创建图表。下面以"销售统计表"为例，操作如下：

① 选择图表样式。选中数据表中的任意一个单元格，选择"插入"选项卡，单击"图表"组中的"柱形图"下拉按钮，在弹出的下拉列表中选择"簇状柱形图"项，如图8-68 所示。

② 插入图表。此时可在当前工作表中插入柱形图，图表中显示了各销售员的销售情况，如图 8-69所示。

③ 查看图表数据。将指针指向表中的某一系列，即可查看指定销售员的销售数据，如图 8-70所示。

图 8-68　选择图表样式

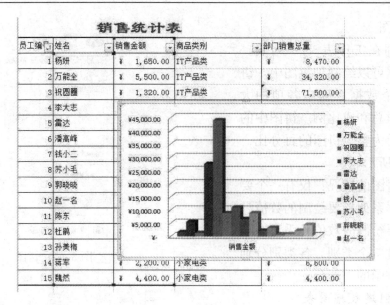

销售统计表

员工编号	姓名	销售金额	商品类别	部门销售总量
1	杨妍	¥ 1,650.00	IT产品类	¥ 8,470.00
2	万能全	¥ 5,500.00	IT产品类	¥ 34,320.00
3	祝圆圈	¥ 1,320.00	IT产品类	¥ 71,500.00
4	李大志			
5	雷达			
6	潘高峰			
7	钱小二			
8	苏小毛			
9	郭晓晓			
10	赵一名			
11	陈东			
12	杜鹃			
13	孙美梅			
14	蒋军	¥ 2,200.00	小家电类	¥ 6,600.00
15	魏然	¥ 4,400.00	小家电类	¥ 4,400.00

图 8-69　插入图表

销售统计表

员工编号	姓名	销售金额	商品类别	部门销售总量
1	杨妍	¥ 1,650.00	IT产品类	¥ 8,470.00
2	万能全	¥ 5,500.00	IT产品类	¥ 34,320.00
3	祝圆圈	¥ 1,320.00	IT产品类	¥ 71,500.00
4	李大志	¥ 27,500.00	大家电类	¥ 80,300.00
5	雷达	¥ 44,000.00	大家电类	¥ 63,800.00
6	潘高峰	¥ 8,800.00	服务装	¥ 17,600.00
7	钱小二	¥ 11,000.00	服装类	¥ 26,400.00
8	苏小毛	¥ 6,600.00	大家电类	¥ 17,600.00
9	郭晓晓	¥ 8,800.00	服装类	¥ 14,300.00
10	赵一名	¥ 2,200.00	生鲜类	¥ 6,160.00
11	陈东	¥ 3,300.00	生鲜类	¥ 1,540.00
12	杜鹃	¥ 660.00	生鲜类	¥ 3,740.00
13	孙美梅	¥ 880.00	小家电类	¥ 7,480.00
14	蒋军	¥ 2,200.00	小家电类	¥ 6,600.00
15	魏然	¥ 4,400.00	小家电类	¥ 4,400.00

图 8-70　查看图表数据

○─ 经验提示

　　单击"图表"组右下角的"对话框启动器",打开"插入图表"对话框,该对话框中同时罗列出所有图表类型与样式,用户可以更加直观地选择要采用哪种图表类型。

任务实施

根据任务描述中的要求，汇总统计的得分情况、排名等，可采用分类汇总操作。

步骤 1　对分类项进行排序。选中"楼地面工程"工作表，定位在"计量单位"列的任一单元格中，如图 8-71 所示。

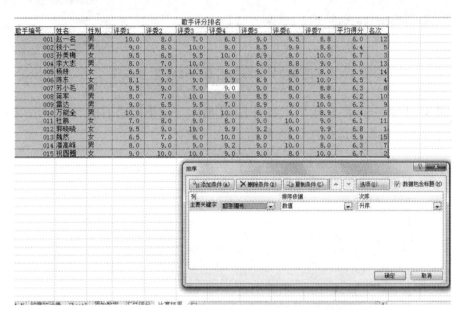

图 8-71　排序定位

选择"数据"选项卡，单击"排序和筛选"组中的"升序"按钮，按编号的升序效果如图 8-72 所示。

歌手评分排名										
歌手编号	姓名	性别	评委1	评委2	评委3	评委4	评委5	评委6	评委7	平均得分	名次
001	赵一名	男	10.0	8.0	7.0	6.0	9.0	9.5	8.8	6.0	12
002	钱小二	男	9.0	8.0	10.0	9.0	8.5	9.9	8.6	6.4	5
003	孙美梅	女	9.5	6.5	9.5	10.0	8.9	9.0	10.0	6.7	3
004	李大志	男	8.0	7.0	10.0	9.0	6.0	8.8	9.0	6.0	13
005	杨妍	女	6.5	7.5	10.5	8.0	9.0	8.6	8.0	5.9	14
006	陈东	女	8.1	9.0	9.0	9.9	8.9	9.0	10.0	6.5	4
007	苏小毛	男	9.5	9.0	7.0	9.0	9.0	8.0	8.8	6.3	8
008	蒋军	男	8.0	7.0	10.0	9.0	8.5	9.0	8.6	6.2	10
009	雷达	男	9.0	6.5	9.5	7.0	8.9	9.0	10.0	6.2	9
010	万能全	男	10.0	9.0	8.0	10.0	6.0	9.0	8.9	6.4	6
011	杜鹃	女	7.0	8.0	9.0	9.0	10.0	9.0	9.0	6.1	11
012	郭晓晓	女	9.5	9.0	19.0	9.9	9.2	9.0	9.9	6.8	1
013	魏然	女	6.5	7.0	8.0	10.0	8.0	9.0	9.0	5.9	15
014	潘高峰	男	8.0	9.0	9.0	9.2	9.0	10.0	8.0	6.3	7
015	祝圆圈	女	9.0	10.0	10.0	9.0	9.0	8.0	10.0	6.7	2

图 8-72　按编号升序排的效果

步骤 2　设置分类汇总项。选择"数据"选项卡，单击"分级显示"组中的"分类汇总"按钮，弹出"分类汇总"对话框，如图 8-73 所示。"分类字段"设置为"性别"；"汇总方式"设置为"姓名"；"选定汇总项"勾选"合价"，最后单击"确定"按钮。

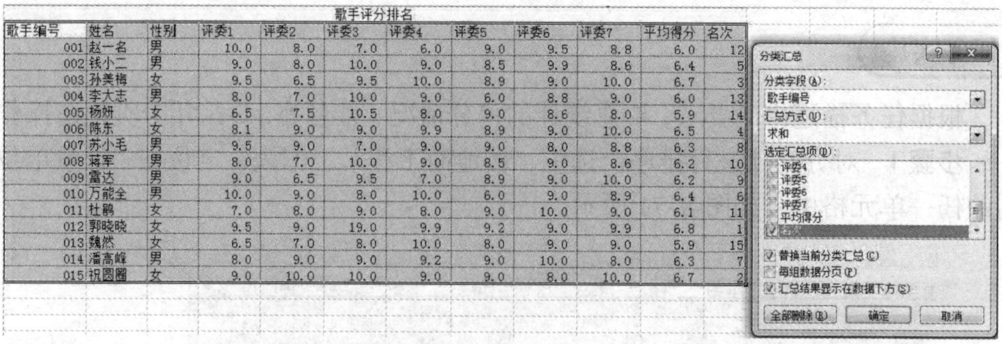

图 8-73 "分类汇总"对话框

步骤 3 显示分类汇总效果。如图 8-74 所示，分类汇总后的二级显示效果，根据具体的需要，查看合适的统计结果。

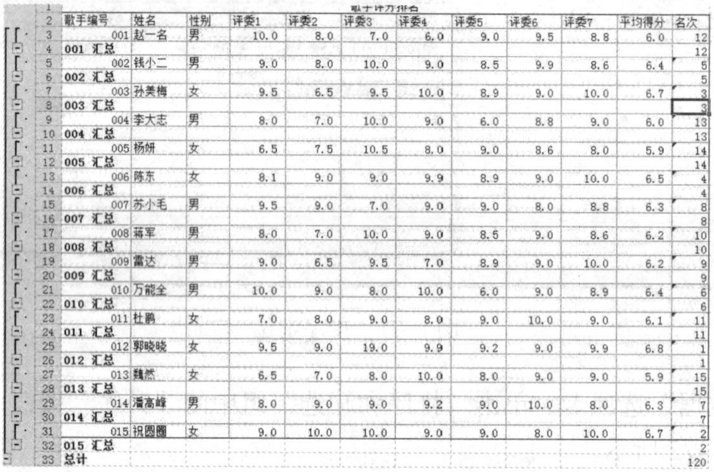

图 8-74 "分类汇总"效果

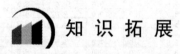

知识拓展

在工作表中有时会涉及包含隐私或机密的数据，且不希望被他人随意打开或修改，这时就可以考虑对工作表和工作簿进行安全性设置。

1. 保护工作表

Excel 2010 增加了强大而灵活的保护功能，以保证工作表或单元格中的数据不会被随意更改。

（1）设置保护工作表

① 单击"保护工作表"命令。右击工作表标签，在弹出的快捷菜单中单击"保

护工作表"命令，如图 8-75 所示。

歌手编号	姓名	性别	评委1	评委2	评委3	评委4	评委5	评委6	评委7
001	赵一名	男	10.0	8.0	7.0	6.0	9.0	9.5	8.8
002	钱小二	男	9.0	8.0	10.0	9.0	8.5	9.9	8.6
003	孙美梅	女	9.5	6.5	9.5	10.0	8.9	9.0	10.0
004	李大志	男	8.0	7.0	10.0	9.0	6.0	8.0	9.0
005	杨妍	女	6.5	7.5	10.5	9.0	8.0	8.6	8.0
006	陈东	男	8.1	9.0	9.0	9.9	9.0	9.0	9.0
007	苏小毛	男	9.5	9.0	7.0	9.0	9.0	9.0	9.0
008	蒋军	男	8.0	7.0	10.0	9.0	8.5	9.0	8.6
009	雷达	男	9.0	6.5	9.5	7.0	8.9	9.0	10.0
010	万能全	男	10.0	9.0	8.0	10.0	6.0	9.0	8.9
011	杜鹃	女	7.0	9.0	9.0	8.0	9.0	10.0	9.0
012	郭晓晓	女	9.0	9.0	19.0	9.0	9.2	9.0	9.9
013	魏然	女	6.5	7.0	8.0	10.0	9.0	9.0	9.0
014	潘高峰	男	8.0	9.0	9.0	9.2	9.0	9.0	9.0
015	祝圆圈	女	9.0	10.0	10.0	9.0	9.0	9.0	10.0

插入(I)...
删除(D)
重命名(R)
移动或复制(M)...
查看代码(V)
保护工作表(P)...
工作表标签颜色(T) ▶
隐藏(H)
取消隐藏(U)...
选定全部工作表(S)

图 8-75　单击"保护工作表"命令

②　打开"保护工作表"对话框，如图 8-76 所示。勾选"保护工作表及锁定的
单元格内容"复选框；在"取消工作表保护时使用的密码"文本框中输入密码；在
"允许此工作表的所有用户进行"列表框中勾选可以进行的操作，或者撤选禁止操
作的复选框，如勾选"设置单元格格式"复选框，则允许用户设置单元格的格式，
最后单击"确定"按钮。

③　确认密码。打开"确认密码"对话框，在"重新输入密码"文本框中输入密
码，如图 8-77 所示。

图 8-76　"保护工作表"对话框

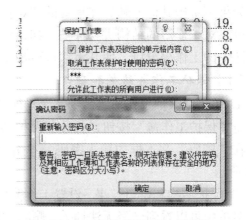

图 8-77　"确认密码"对话框

④　保护工作表设置效果。设置"保护工作表"后，在工作表中输入数据时会弹

出提示框，禁止受保护的修改操作。

（2）取消工作表的保护

① 单击"撤销工作表保护"命令。选择"开始"选项卡，在"单元格"组中单击"格式"按钮，在弹出的菜单中选择"撤销工作表保护"命令，如图 8-78 所示。

② 如果给工作表设置了密码，则会出现如图 8-79 所示的"撤销工作表保护"对话框，输入正确的密码，单击"确定"按钮。

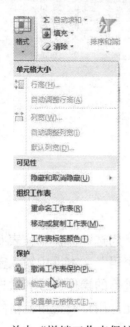

图 8-78　单击"撤销工作表保护"命令　　图 8-79　"撤销工作表保护"对话框

2. 保护工作簿的结构

如果不希望其他人随意在重要的 Excel 工作簿中移动、添加或删除其中的工作表，可以对工作簿的结构进行保护。如果对工作簿进行了窗口保护，则将锁死当前工作簿中的工作表窗口，使其无法进行最小化、最大化、还原等操作。

（1）保护工作簿结构和窗口

① 单击"保护工作簿"命令，设置保护。选择"审阅"选项卡，在"更改"组中单击"保护工作簿"按钮，打开"保护结构和窗口"对话框，勾选"窗口"复选框，在"密码"文本框中输入密码，单击"确定"按钮，再次"确认密码"。如图 8-80 所示。

② 保护结构和窗口效果。设置工作簿保护后，右击某个工作表标签，在弹出的快捷菜单中可以看到已经无法插入、删除、重命名、移动和复制以及隐藏工作表了，如图 8-81 所示。

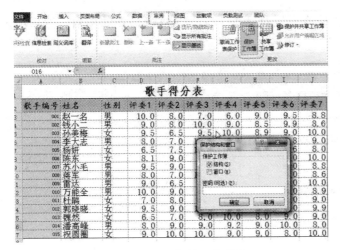

图 8-80 设置"保护工作簿"

图 8-81 保护工作簿效果

（2）取消工作簿保护

要取消工作簿的密码保护，可以选择"审阅"选项卡，在"更改"组中单击"保护工作簿"按钮，在打开的对话框中输入设置的密码，然后单击"确定"按钮即可。

3. 检查工作簿的安全性

Excel 2010 提供了一个查看和修改 Excel 文档隐私的功能逐一检查文档。在将编辑好的 Excel 文档给别人浏览之前，可以通过"检查文档"功能来检查文档中是否包含某些重要的有关个人隐私的数据。为了安全和保密，用户可以在检查后删除这些数据。具体操作步骤如下：

① 单击"检查文档"命令。单击"文件"选项卡，在弹出的菜单中选择"信息"命令，然后单击"检查问题"按钮，在弹出的菜单中单击"检查文档"命令，如图 8-82 所示。

图 8-82 单击"检查文档"命令

② 检查文档。打开"文档检查器"对话框，选择要进行检查的项目，然后单击"检查"按钮，如图 8-83 所示。

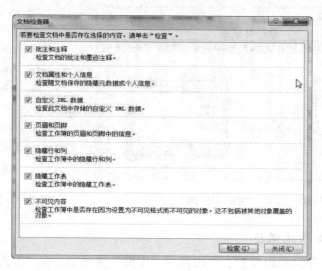

图 8-83　检查文档

③ 删除隐私内容。Excel 开始对文档进行检查，将在"文档检查器"对话框中显示检查结果，如图 8-84 所示。单击要删除项目右侧的"全部删除"按钮，即可将该项隐私内容删除。

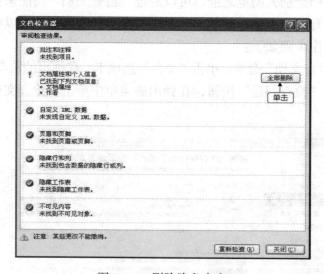

图 8-84　删除隐私内容

4. 为工作簿设置密码

如同 Word 中文档一样，Excel 工作簿文件也可设置密码加以保护，设置密码的方法如下：

① 单击"文件"选项卡，在弹出的菜单中单击"信息"命令，然后单击"保护工作簿"按钮，在弹出的菜单中单击"用密码进行加密"命令，如图 8-85 所示。

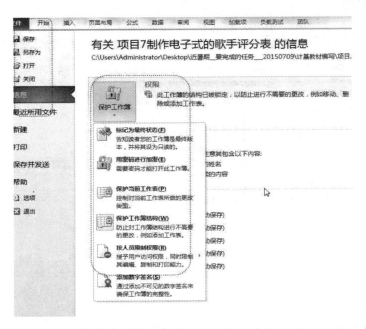

图 8-85 "用密码进行加密"命令

打开"加密文档"对话框，输入一个密码，然后单击"确定"按钮，打开"确认密码"对话框，再一次输入密码，单击"确定"按钮，如图 8-86 所示。

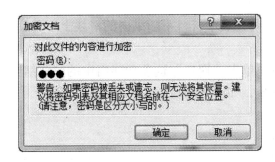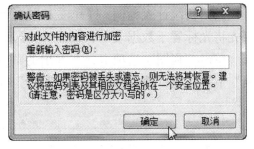

图 8-86 加密文档

② 单击"文件"选项卡，然后单击"另存为"命令，在打开的"另存为"对话框中单击"工具"按钮，在弹出的菜单中单击"常规选项"命令，然后在打开的"常规选项"对话框中设置打开工作簿时的密码，设置是否允许用户编辑表格数据的修改密码，如果设置了这个密码，而用户并未输入正确，则工作簿将以只读方式打开，即无法修改工作表中的数据，如图 8-87 所示。

工作簿设置密码后，如果不需要密码保护了，可通过"文件"选项卡→"信息"→"保护工作簿"→"用密码进行加密"，打开"加密文档"对话框，将密码删除，单击"确定"按钮即可。

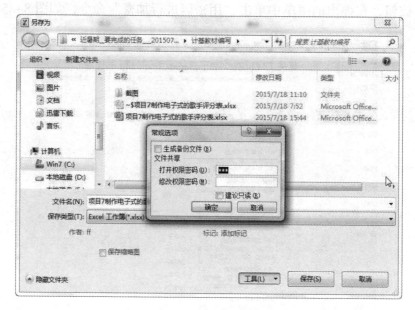

图 8-87　"常规选项"对话框

5. 为工作簿中工作表设置窗口及行或列设置冻结

　　有时一个表中数据很多，横向的行很长，在看左边的数据时就看不到右边的数据，或是看到表中前面的行数据就看不到后面的行数据，为此可设置窗口中行或列的冻结方式。

　　以销售统计表为例，打开该工作表后，要让表中首行不随纵向的滑块上下移动，可先将光标置于数据表中，如图 8-88 所示。

　　单击"视图"选项卡，在弹出的菜单中单击"窗口"选项功能组中的"冻结窗格"下拉按钮，然后选择"冻结首行"命令，如图 8-89 所示。

员工编号	姓名	销售金额	商品类别	部门销售总量
1	杨妍	¥ 1,650.00	IT产品类	¥ 8,470.00
2	万能全	¥ 5,500.00	IT产品类	¥ 34,320.00
3	祝圆圈	¥ 1,320.00	IT产品类	¥ 71,500.00
4	李大志	¥ 27,500.00	大家电类	¥ 80,300.00
5	雷达	¥ 44,000.00	大家电类	¥ 63,800.00
6	潘高峰	¥ 8,800.00	服务装	¥ 17,600.00
7	钱小二	¥ 11,000.00	服装类	¥ 26,400.00
8	苏小毛	¥ 6,600.00	大家电类	¥ 17,600.00
9	郭晓晓	¥ 8,800.00	服装类	¥ 14,300.00
10	赵一名	¥ 2,200.00	生鲜类	¥ 6,160.00
11	陈东	¥ 3,300.00	生鲜类	¥ 1,540.00
12	杜鹃	¥ 660.00	生鲜类	¥ 3,740.00
13	孙美梅	¥ 880.00	小家电类	¥ 7,480.00
14	蒋军	¥ 2,200.00	小家电类	¥ 6,600.00
15	魏然	¥ 4,400.00	小家电类	¥ 4,400.00

图 8-88　冻结首行光标定位

图 8-89　冻结首行的命令

6. 数据有效性

打开需要进行数据有效性设置的表格，如图 8-90 所示。

图 8-90　数据有效性设置

选中专业这一列的内容，点击"数据"，选择"有效性"。

选择专业的有效性条件为"序列"，在来源中设置为"工造,环艺,商英,旅游,酒店"。需要注意的是中间逗号为英文逗号，如图 8-91 所示。

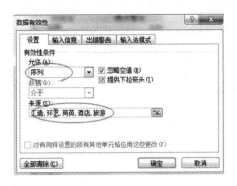

图 8-91　输入序列值

点击"确定"后，可以看到表中出现列表的箭头，下拉可以选择不同专业，如图 8-92 所示。

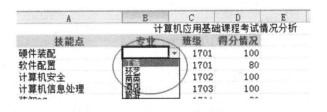

图 8-92　下拉列表作选择

　　还可以对班级号进行设置，比如班级号 4 位数字，首先对班级号那一栏设为文本格式，如图 8-93 所示。

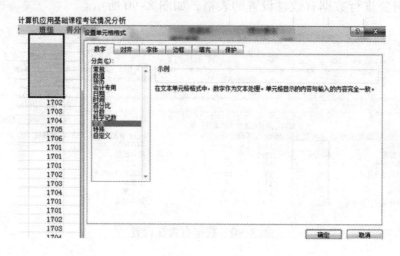

图 8-93　设置文本格式

　　点击"数据"→"有效性"，将有效性条件设为"文本长度"，数据"等于"，数值"4"，这样设置了之后，只有输入 4 位数才会有效，如图 8-94 所示。

图 8-94　设置文本长度

　　可以看到在班级号输入超过 4 位数字或者小于 4 位数字，都会弹出错误，如图 8-95 所示。

图 8-95　数据有效性提醒

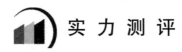

实 力 测 评

通过对数据表中数据的处理，实现了对公式、函数计算操作，对数据的排序、筛选、分类汇总及图表化与数据透视表的操作学习，下面为巩固技能，设置了如下技能测评。

1. 分析与统计学生成绩册中的成绩数据

测评目的：

在前述实习测评学生单科成绩册基础上，增加几门课成绩，构成本学期你所考试的课程成绩表，并录入若干条数据，然后完成成绩数据的计算和分析统计。

测评要求：

① 运用函数和公式计算"平时折合成绩"（按 40%计算）和"期末机考成绩"（按 60%计算）；

② 求单科总评成绩，并按降序排序；

③ 通过筛选，查看 85 分以上的学生基本信息；

④ 通过分类汇总，统计各男女生各科的平均分；

⑤ 制作数据透视表，方便查看各科目的学生考试成绩。

2. 处理与分析工资表中的数据

测评目的：

在录入某公司职工表数据基础上，进行数据的计算和分析统计。

测评要求：

① 运用函数计算"平均工资"和"最高和最低工资额"；

② 运用函数的嵌套，用 IF 函数统计出等级，按职务划分基本工资等级标准：科员：2500 元；副总经理：4000 元；总经理：6000 元；董事长：7000 元；

③ 统计在职人员的总数，工资大于 7000 元的人数；

④ 制作图表，反映本公司工资分配情况，图例以柱形图显示。

3. 处理与分析某种书籍的阅读量

测评目的：

编辑一张表，统计某书籍被借阅的情况，在录入数据的基础上，进行数据的计算和分析统计。

测评要求：

① 制作数据透视表，分别统计各不同性别人对本书的喜爱程度，以数据说明；

② 制作图表，用折线图表示出在不同月份本书受欢迎的程度，以图例显示。

第六部分 PowerPoint 2010 的应用

PowerPoint 是 Microsoft Office 系列办公软件的组件之一，是一个演示文档制作软件，利用它能够生成生动的幻灯片，并达到最佳的现场演示效果。用 PowerPoint 编制的演示文稿包含文字、图形、图像、动画、声音以及视频剪辑等多媒体元素，能够立体表现用户所要表达的信息，常用于各种商业、办公、学术等用途，如介绍公司产品，展示学术成果等，应用领域非常广泛。

项目9 制作企业产品推介演示文稿

企业为了提高自身竞争力，宣传是重中之重。制作各种宣传演示文稿可以帮助企业合作者及消费者全面了解企业情况，通过介绍企业经营业务和产品、企业规模和特色等信息，可凸显企业形象。

本模块将分3个任务，逐步用 PowerPoint 2010 完成企业产品推介演示文稿的设计和制作过程，运用的方法包括为演示文稿设计整体风格、插入各种内容元素、添加动画及幻灯片切换效果、在不同场合用多种方式放映演示文稿。

 任务9.1 丰富演示文稿内容

任务描述

本次任务主要根据企业产品宣传的需求，将产品的功能、应用领域、性能指标等需要进行简要介绍的内容用文字、图片、图表等形式添加到演示文稿中，并完成演示文稿的背景和配色设计，设置各种对象的格式。

○── 经验提示

制作宣传演示文稿前需要先完成相关文字资料、图片、数据等的收集，并根据涉及的业务领域规划演示文稿的风格、主色调，对企业简介、产品展示、应用案例等各部分要达到的演示效果要有明确的思路。

知识准备

1. 创建演示文稿

（1）**启动** PowerPoint 2010

同启动其他 Office 软件一样，PowerPoint 2010 的启动方式有很多种，具体方法如下：

252

① 方法 1：从"开始"菜单启动。用鼠标单击"开始"→"所有程序"→"Microsoft Office"→"Microsoft Office PowerPoint 2010"，启动程序。

② 方法 2：从桌面快捷方式启动。在操作系统桌面上双击 PowerPoint 2010 快捷方式的图标，即可启动程序。

③ 方法 3：通过已有的 PowerPoint 2010 文件启动。双击任何现有的 PowerPoint 2010 文件，也可启动程序。

上述 3 种方法的不同之处在于，第 3 种方法在启动软件后将直接打开双击操作的文件，而前两种方法在启动后将默认新建一个空白的演示文稿，等待用户编辑。

（2）**认识 PowerPoint 2010 工作界面**

要想熟练地使用 PowerPoint 2010，首先必须了解它的工作界面。表 9-1 介绍了工作界面各个组成部分的功能。

表 9-1　　　　　　　　　　PowerPoint 2010 工作界面组成部分

名　称	功　能
"文件"按钮	集合了最常用的菜单命令
快速访问工具栏	集合了常用的快捷按钮，也可自行添加
标题栏	显示程序名称、当前处于活动状态的文件名，以及窗口控制按钮
功能区选项卡	功能区由多个选项卡组成，每个选项卡集成了多个功能组，每个组中包含了功能按钮或选项
幻灯片编辑窗格	位于工作界面的中间，显示和编辑幻灯片
大纲/幻灯片窗格	位于幻灯片编辑窗格的左侧，用于显示当前演示文稿的内容结构，如幻灯片的数量及位置等
备注窗格	位于幻灯片编辑窗格的下方，可添加对当前幻灯片的说明或备注信息
状态栏	位于工作界面最底部左侧，用于显示当前演示文稿的页数、总页数、模板类型及语言状态等内容
视图栏	状态栏的右侧是视图栏，它显示了视图切换按钮、当前显示比例和调节页面显示比例按钮

（3）**创建演示文稿**

启动 PowerPoint 2010 后，默认情况下，程序会创建名为"演示文稿 1"的空文档，用户可以从此空白文稿开始建立各个幻灯片。

除此之外，用户也可以单击"文件"选项卡，在左侧菜单中选择"新建"命令，切换到"新建"窗口，窗口中提供了各种创建演示文稿的途径：

① 使用模板。模板主要针对文稿的内容，帮助用户创建各种专业的演示文稿，例如公司会议、商务计划、项目总结等。创建的演示文稿中有大量提示建议和示例内容，用户只要进行相应的修改就能快速制作演示文稿。模板分为"样本模板"、"我的模板"和"Office.com 模板"。

② 应用主题。主题决定了文稿的外观和风格，每个主题都有固定的文字格式和配色方案，用户可以在这些设计方案基础上制作演示文稿。选择该项后，用户先选择一种主题，然后建立文稿的内容。

（4）演示文稿文件格式

PowerPoint 2010 有多种文件格式，最常用的是 PPT 和 PPTX：PPT 是 PowerPoint 97–2003 下的默认演示文稿文件，而 PPTX 是 PowerPoint 2010 下的默认演示文稿文件。在 PowerPoint 2010 中两种文件均可正常使用，但在早期版本的 PowerPoint 中需安装了相关补丁后才能打开 PPTX 文件。

2. 添加并美化幻灯片的内容

（1）插入不同版式的幻灯片

幻灯片版式包含要在幻灯片上显示的全部内容的格式设置、位置和占位符。占位符是带有虚线或影线标记边框的矩形框，是绝大多数幻灯片版式的组成部分，这些矩形框可容纳标题、正文以及对象。

添加一张新的幻灯片，可以使用默认的版式，也可以选择新的幻灯片布局：

① 方法 1：选择功能区"开始"选项卡，在"幻灯片"组中单击"新建幻灯片"按钮，此时默认使用"标题和内容"版式；

② 方法 2：在"开始"选项卡"幻灯片"组中，单击"新建幻灯片"文字按钮，在弹出的下拉列表中选择想要的版式，如图 9–1 所示。

图 9–1 幻灯片版式列表及添加的幻灯片

（2）输入文本

演示文稿中用于表达内容的元素极其丰富，但文本仍然是演示文稿设计中最基本的元素。PowerPoint 2010 在幻灯片中添加文本有 4 种方式：占位符文本、文本框中的文本、自选图形中的文本和艺术字。文本框、自选图形和艺术字的使用方法在 Word 2010 中已有介绍，在此不再赘述。

○── 经验提示

在制作培训课件时，我们可以利用已有的文档或其他资料来向幻灯片中添加文本。应该注意的是，演示文稿用于配合讲解，其中的文字应简洁明了，主题突出，尽量避免大段的文字叙述。

（3）插入各种图形对象

图形对象是演示文稿中必不可少的元素，搭配合适的图形图像会使演示文稿更直观生动。

在 PowerPoint 2010 可将图形对象分为两大类：常规图形对象和拓展图形对象。常规图形对象是指幻灯片中使用最普遍的图片、剪贴画、自选图形、艺术字，而图示、表格、图表及插入的其他应用程序的对象可归为拓展图形对象。

各种图形对象在属性和格式上的设置方法类似，在 Word 2010 中已有详细介绍。

3. 设计演示文稿整体风格

演示文稿由多张幻灯片组成，为达到最好的演示效果，应构建整体统一的设计风格。幻灯片的页面大小、色彩搭配、背景设置、文字格式等都影响着整个画面的观感，PowerPoint 2010 中可以通过添加渐变、纹理、图案以及图片来为幻灯片创建背景，用户可以根据不同的背景需要使用不同的配色方案，这样可以使幻灯片的视觉效果更加丰富。

（1）页面设置

打开演示文稿，切换到"设计"选项卡，在"页面设置"组中单击"页面设置"按钮，在弹出的对话框（如图 9-2 所示）中可以对幻灯片页面进行调整：

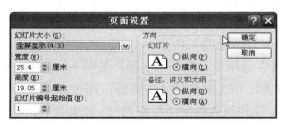

图 9-2 "页面设置"对话框

① 在"幻灯片大小"下拉列表中可以选择另一种大小的页面，例如"全屏显示（16:9）"选项，可看到下面的"宽度"和"高度"数值框中的数据发生了变化。单击"确定"按钮后，幻灯片页面高度变窄，比较适合宽屏播放，而幻灯片中的对象位置和高度也相应自动进行了调整，如图 9-3 所示。

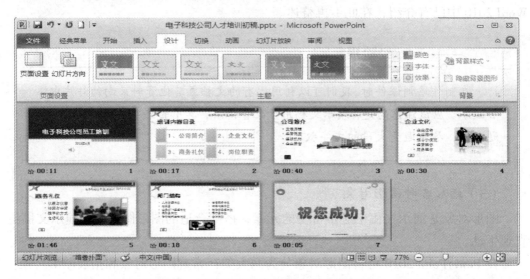

图 9-3　更改页面大小后的幻灯片浏览视图

② 在"页面设置"对话框的"方向"栏中，不同的"幻灯片"下的方向选择会切换幻灯片的高度和宽度，而"备注、讲义和大纲"下的方向选择主要是在编辑和打印相应视图内容时控制纸张方向。

○──── 经验提示

演示文稿的页面设置关系到每张幻灯片的大小或方向等，幻灯片中的对象摆放位置也会随页面的改变而变化，因此最好在制作幻灯片内容前就对页面进行调整。

（2）设置配色方案

PowerPoint 中的配色方案是指在程序中已经设计好的一组可以直接用于演示文稿的颜色，有效地利用配色方案不但可以满足幻灯片制作中对于色彩配置的要求，还可以大大简化选择配置颜色的工作。

① 切换到"设计"选项卡，展开"主题"图库下拉列表，在其中选择另外一种主题效果即可，这种方法在之前的任务中曾经应用过。

② 若觉得当前主题的颜色搭配还需要调整，就需要在"主题"组中单击"颜色"按钮，在弹出的下拉列表中提供了多种关于背景、文本和对象的配色方案，选择其

中一种即可快速改变演示文稿的配色效果，如图 9-4 所示。

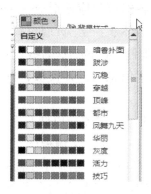

图 9-4　"主题"组中的"颜色"列表

配色方案包含各种幻灯片对象的颜色设计，因此，应用了某种配色方案后应在幻灯片窗格中观察各种对象的颜色是否协调，如果不适合可更换其他配色方案或对单独的对象重新设置颜色。

③ 若希望自定义配色方案，则在"颜色"列表底部选择"新建主题颜色"命令，在弹出的对话框中列出了该主题针对各类对象的颜色搭配，单击各项目后的颜色设置按钮，可以更换为其他想要的颜色（如图 9-5 所示）。自定义完成配色后，在对话框的"名称"文本框中为当前主题颜色命名，以便以后再次使用。

图 9-5　"新建主题颜色"对话框

（3）设计演示文稿母版

在制作演示文稿时，通常各幻灯片应该形成一个统一和谐的外观，但如果完全通过在每张幻灯片中手动设置字体、字号、页眉页脚等共有的对象来达到风格统一，会产生大量重复性的工作，增加制作时间，这时我们可以用幻灯片的母版进行控制。母版是指存储幻灯片中各种元素信息的设计模板，凡是在母版中的对象都将自动套用母版设定的格式。

PowerPoint 中提供了单独的母版视图，以便与普通编辑状态进行区别：

① 单击"视图"选项卡，在"演示文稿视图"组中单击"幻灯片母版"按钮。

② 此时切换到母版视图，窗口左侧是所有母版的缩略图，这里我们发现母版数量很多，PowerPoint 2010 中的幻灯片母版有两个种类，主母版和版式母版。

- 主母版：主母版能影响所有版式母版，如要统一内容、图片、背景和格式，可直接在主母版中设置，其他版式母版会自动与此一致。
- 版式母版：默认情况下，PowerPoint 为用户提供了 11 种幻灯片版式，如标题版式、标题和内容版式等，这些版式都对应于一个版式母版，可修改某一版式母版的，使应用了该版式的幻灯片具有不同的特性，在兼顾"共性"的情况下有"个性"的表现。

如图 9-6 所示，在母版视图窗口左侧的第 1 张缩略图就是演示文稿的主母版，其下稍小的缩略图就是版式母版。选择主母版，在右侧编辑区可以看到，允许设置的对象包括标题区、正文区、对象区、日期区、页脚区、页码区和背景区，要修改某部分区域就直接选中进行相应的格式设置。

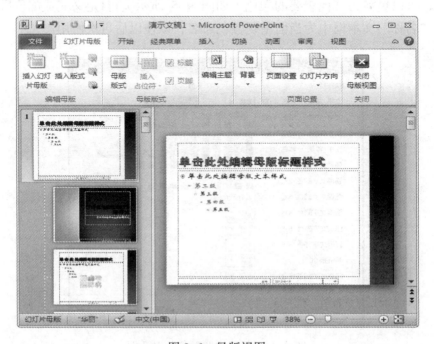

图 9-6　母版视图

在母版中可以设置和添加每张幻灯片中具有共性的内容，如标题的字体设置、插入 LOGO 图片和页码等。

任务实施

步骤 1　创建演示文稿，并设置主题和配色方案。

① 启动 PowerPoint 2010 后，单击"设计"选项卡，在"主题"样式库中选择"活力"主题，如图 9-7 所示。

图 9-7　应用"活力"主题

② 在"主题"组中单击"颜色"按钮，在下拉列表中选择"技巧"命令，如图 9-8 所示。

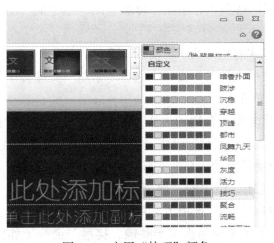

图 9-8　应用"技巧"颜色

③ 在快速访问工具栏中单击"保存"按钮,在"文件名"下拉列表框中输入"企业产品推介.pptx",单击"保存位置"下拉列表框的下拉按钮,在弹出的下拉列表中选择文件要保存的位置,单击"保存"按钮。如图 9-9 所示。

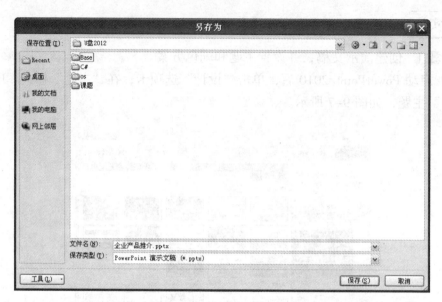

图 9-9 另存为对话框

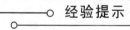 经验提示

创建好演示文稿后,应及时将其保存起来,以免因各种意外事故造成损失。在实际工作中,一定要养成经常保存自己工作成果的习惯,将损失减到最小。

步骤 2 为演示文稿统一添加公司 LOGO 图案。

① 切换到"视图"选项卡,单击"母版视图"组中的"幻灯片母版"按钮,进入母版视图窗口。

② 单击左侧窗格中的主母版,切换到"插入"选项卡,单击"图像"组中的"图片"按钮,在弹出的"插入图片"窗口中选择"素材"文件夹中的"公司 LOGO.jpg"文件,单击"插入"按钮。

③ 将插入的图片改变为合适的大小,拖放到主母版幻灯片的左上角。在图片的"格式"选项卡中,单击"调整"组中的"删除背景"按钮,在出现的"背景消除"选项卡中单击"标记要保留的区域"按钮,将图片中五角星部分的颜色保留(如图 9-10 所示),单击"关闭"组中的"保留更改"按钮。

④ 切换到图片的"格式"选项卡,单击"图片效果"按钮,在下拉菜单中选择"映像"项,在相应子菜单中单击"半映像,接触"命令(如图 9-11 所示)。

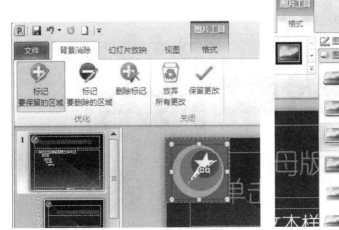

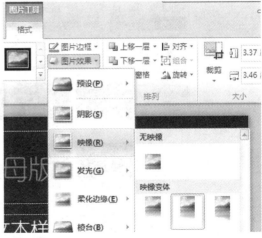

图 9-10　为图片消除背景　　　　　　图 9-11　设置图片效果

⑤ 切换到"视图"选项卡，在"演示文稿视图"组中单击"普通视图"，返回幻灯片编辑界面。

步骤 3　为演示文稿添加文字、表格和图表内容。

① 为标题幻灯片添加艺术字。在普通视图窗口选择标题幻灯片，切换到"插入"选项卡，单击"文本"组中的"艺术字"按钮，在艺术字库中选择任一类型。在出现的艺术字占位符中输入"电子科技公司—产品推介"的文字内容。艺术字的效果可自行调整，如图 9-12 所示。

图 9-12　艺术字效果

② 为各幻灯片一次性添加文本。

- 在演示文稿普通视图窗口中，单击左侧窗格中的"大纲"选项卡。切换到"开始"选项卡，单击"幻灯片"组中的"新建幻灯片"按钮下半部分，在下拉列表中选择"幻灯片（从大纲）..."命令，如图 9-13 所示。

图 9-13　从大纲创建幻灯片

- 在弹出的"插入大纲"对话框中，选择"素材"文件夹的"企业产品推介.doc"文件，单击"插入"按钮。

- 在"大纲"选项卡中将第 2~4 张幻灯片的文字选中，在其上单击右键，选择右键菜单中的"降级"命令。则各张幻灯片的文本被一次性添加进来，如图 9-14 所示。

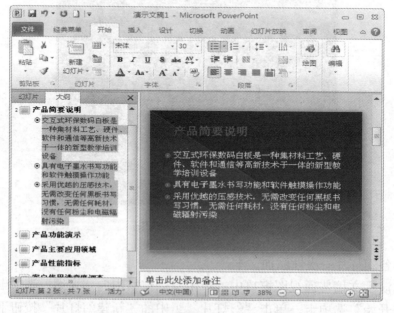

图 9-14　从大纲添加文本后的效果

③ 添加其他内容。将"企业产品推介.doc"文件中对应各标题的文字、图示、表格、图表，分别复制到第 4、5、6、7 张幻灯片中，对对象的大小、格式进行调整，完成效果如图 9-15 所示。

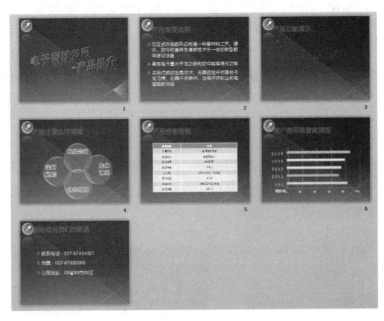

图 9-15　添加内容后的幻灯片效果

 任务 9.2　让演示文稿"动"起来

任务描述

　　幻灯片不仅是平面作品，更是多媒体作品。本次任务将为企业产品推介演示文稿添加其他多媒体元素，如音乐、视频、动画等，与声、光、电等设备配合，可使展示过程变得更丰富和立体。

知识准备

1. 插入和编辑多媒体对象

　　在幻灯片中添加多媒体对象，如音频、视频，会增强演示文稿的表现力。目前，常见的音频或视频文件格式都能在 PowerPoint 2010 中使用，如 WAV、MP3、WMA、

MIDI 等声音格式，和 AVI、MPEG、RMVB 等视频格式（如果安装了 Apple QuickTime 播放器，其可播放的文件格式都能在幻灯片中使用）。

（1）插入音频文件

PowerPoint 2010 自带的剪辑管理器中有一些音频文件，如鼓掌、开关门、电话铃等，用户可以直接将这些文件添加到演示文稿中。不过剪辑管理器中的声音大多为一些简单的音效，可以利用计算机中保存的音频文件来为演示文稿加入背景音乐。

① 选择需要开始播放音乐的幻灯片，在功能区切换到"插入"选项卡，单击"媒体"组中的"音频"按钮 ，或在"音频"按钮的下拉列表中选择"文件中的音频"命令（如图 9-16 所示）。在弹出的"插入音频"对话框的"查找范围"栏选择需要插入的声音文件名，然后单击"确定"按钮。

② 此时幻灯片中插入的声音文件以一个扬声器图标显示，同时出现一个播放工具栏，如图 9-17 所示。在播放工具栏中我们可以播放插入的音频文件内容，并调整音量。

图 9-16 "音频"按钮

图 9-17 音频播放工具栏

③ 功能区自动切换到"音频工具"，其中有"格式"和"播放"两个选项卡，这里我们主要对音频文件的播放方式进行设置，即选择"播放"选项卡。在"编辑"组中单击"剪裁音频"按钮，可以在弹出的对话框中设置音频文件播放的开始时间和结束时间，截取其中的一段作为背景音乐，如图 9-18 所示。还可以在"编辑"组中调整音乐的淡入和淡出持续时间，如图 9-19 所示。

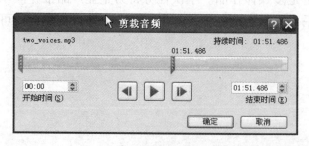

图 9-18 剪裁音频对话框

图 9-19 音频播放选项设置

④ 在"音频选项"组中，如果不希望在播放幻灯片时看到扬声器图标，应选中"放映时隐藏"复选框的"开始"列表中的选项控制音频播放方式：

- "自动"方式，是在放映该幻灯片时自动开始播放音频剪辑。
- "单击时"方式，是要通过在幻灯片上单击音频剪辑来手动播放。
- "跨幻灯片播放"方式，是在演示文稿中单击切换到下一张幻灯片时继续播放音频剪辑。

如果想让演示文稿的背景音乐贯穿始终，可以选中"循环播放，直到停止"及"播完返回开头"复选框（如图 9-20 所示），以保证音频文件连续播放直至停止播放幻灯片。

图 9-20　音频播放选项设置

（2）**插入视频**

① 插入视频文件

在幻灯片中插入与控制视频的方式与声音元素相似，主要是通过插入视频文件或使用剪辑管理器中的视频效果两种。在功能区"插入"选项卡的"媒体"组中单击"视频"按钮 ，在弹出的"插入视频文件"对话框的"查找范围"栏选择需要插入的视频文件名，然后单击"确定"按钮。PowerPoint 2010 支持多种视频文件，可以在"文件类型"下拉列表中查看，如图 9-21 所示。

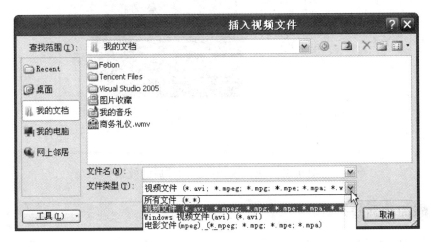

图 9-21　"插入视频文件"对话框

视频会以图片的形式被插入到当前幻灯片中，功能区自动切换到"视频工具"选项卡，如果要设置视频播放方式，可以单击"播放"选项卡，设置项目与音频设置基本相同，如图 9-22 所示。

265

图 9-22　视频对象的"播放"选项卡

② 标牌框架

因为视频是以图片的形式显示，为了达到较好的视觉效果，可以在"视频工具"的"格式"选项卡中进行格式设置。其中"调整"组中的"标牌框架"按钮可以将另外的图片文件作为显示的内容，使播放内容更直观。

- 在"格式"选项卡中，单击"调整"组中的"标牌框架"按钮，在出现的下拉列表中选择"文件中的图像"命令。
- 在弹出的"插入图片"对话框中选择需要的图片文件，单击"插入"按钮，可以看到原来视频文件图片被所选图片文件替换，再对图片进行格式设置，完成效果如图 9-23 所示。

图 9-23　更改视频显示图片后的效果

2. 添加动画效果

采用带有动画效果的幻灯片对象可以让演示文稿更加生动直观，还可以控制信息演示流程并重点突出最关键的数据。对于演示文稿中的文本、图片、形状、表格、SmartArt 图形和其他对象的动画，可以利用动画自定义功能，得到满意的效果。

（1）为对象设置动画效果

① 选择要设置动画效果的对象，如选择目录幻灯片的标题文本框，在"动画"

选项卡下单击 "动画"组中动画效果列表右下角的 按钮，打开"动画效果"下拉列表（如图 9-24 所示）。

图 9-24　"动画效果"下拉列表

PowerPoint 2010 为幻灯片对象提供了 4 种类型的动画效果：

- 进入：在幻灯片放映时文本及对象进入放映界面时的动画效果。
- 强调：在演示过程中需要强调部分的动画效果。
- 退出：在幻灯片放映过程中，文本及其他对象退出时的动画效果。
- 动作路径：用于指定幻灯片中某个内容在放映过程中动画所通过的轨迹。

每种类型的动画还在列表下面提供了更多的动画细分（如图 9-25 所示），因此用户可选择的面很广，可以自由设置出千变万化的动画效果。

② 同一个对象可以设置多个动画效果，需要单击"动画"选项卡"高级动画"组中的"添加动画"按钮，在出现的下拉列表中选择需要的动画，如"强调"类别中的"下画线"命令，此时可以在右边的"动画窗格"窗口中看到两个动画项，如图 9-26 所示。

图 9-25　更多动画对话框

图 9-26 对一个对象添加多重动画效果

③ 设置完动画效果后，点击"动画窗格"窗口中的"播放"按钮可以观看幻灯片中各对象的动画流程。

（2）设置自定义动画选项

为对象设置了动画效果后，还可对其进行详细的选项设置，包括动画的开始方式、速度及效果等。

① 选择"动画窗格"窗口中需要调整的动画项，在"动画"选项卡"动画"组中单击"效果选项"按钮，在下拉列表中可更改动画发送方式，将鼠标停留在某一选项上时可以看到预览效果。当选择不同类型对象或不同动画项时，下拉列表内容也会改变，如图 9-27 所示。

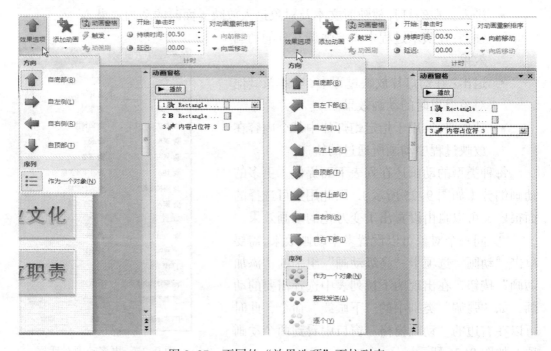

图 9-27 不同的"效果选项"下拉列表

② 除了上面的"效果选项"按钮之外，还可以通过"动画"选项卡中的"计时"组对动画效果进行时间上的控制。如图 9-28 所示。

图 9-28　动画效果的"计时"组内容

- 开始：设置播放的触发条件。"单击时"是在播放时通过鼠标单击来触发动画效果；"与上一动画同时"是跟上一个动画效果同时播放；"上一动画之后"是在上一动画效果之后播放。
- 持续时间：用于控制动画播放的速度，一般默认为 0.5 秒，可通过输入框后的上下箭头调整时间，也可自行输入秒数。持续时间越长动画越慢，越短则动画越快。
- 延迟：以"开始"列表中设置的开始播放时间为基准设置的延迟时间，以秒为单位，类似定时播放。

③ 在"动画窗格"中选择动画列表框中的动画项，单击其右侧的下拉按钮，在出现的下拉列表中选择"效果选项"命令，弹出"效果选项"对话框，此时对话框以对象的动画效果为标题，在其中可以设置更多的动画选项（如图 9-29 所示）。针对不同的对象或不同的动画效果，对话框中的内容也有所不同。

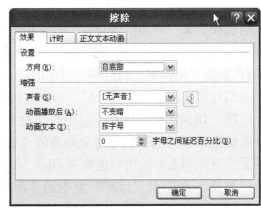

图 9-29　动画项下拉列表及"效果选项"对话框

3. 幻灯片的切换与链接设置

（1）应用幻灯片切换效果

通过按"F5"键可以从头放映现有的幻灯片，在放映过程中，当幻灯片中的动画播放结束时，单击鼠标可实现幻灯片间的切换。但我们发现幻灯片切换得非常生硬，要改变这种状态，可以为幻灯片设置切换效果。幻灯片切换效果是指从一张幻灯片过渡到下一张幻灯片时的切换动画，切换的主体是整张幻灯片。

① PowerPoint 2010 提供了多种幻灯片切换效果，在功能区切换到"切换"选项卡，其中的"切换到此幻灯片"组用于控制幻灯片的切换效果，展开其中的动画图库，即可看到程序提供的多种切换方案缩略图，指向缩略图选项，即可实时预览当前幻灯片的切换动画效果，如图 9-30 所示。

图 9-30 应用幻灯片切换效果

② 当选择了某一种切换效果后，只是为当前幻灯片应用了切换动画，而其他幻灯片可以用以上方法逐一设置切换效果。如果希望所有的幻灯片都应用一样的切换效果，可以点击"切换到此幻灯片"组中的"全部应用"按钮。

③ 为幻灯片应用了切换效果后，可在"切换"选项卡中对其进行详细设置：

- 选择"切换到此幻灯片"组中的"效果选项"按钮，在下拉列表中可以更改切换效果的细节。与对象动画的"效果选项"按钮类似，对不同切换效果，下拉列表中的内容也有所不同。如图 9-31 所示。
- "切换"选项卡"计时"组中的"声音"、"持续时间"和"全部应用"按钮与"动画"选项卡的相应按钮的功能一致，可参考上节内容进行设置。
- "计时"组中的"换片方式"中，如果选中"单击鼠标时"复选框，则在幻灯片动画播放结束后，单击鼠标才会切换到下一张幻灯片；如果选中"设置自动换片时间"复选框，则在幻灯片动画播放结束后，延迟相应时间切换到下一张幻灯片。

图 9-31　不同幻灯片切换效果的"效果选项"列表

（2）链接设置

通过上面的设置，我们让幻灯片的展示过程变得更生动，但这种展示总是按从前至后的顺序进行的，而实际中可能会需要根据讲解流程要求，在不同幻灯片间切换、跳转查看。这时就需要为幻灯片添加链接，通过单击链接直接控制放映到指定的目标内容。

超链接需要有依附的对象，可以对幻灯片中的所有对象设置链接，但最普遍的还是文本和图形。

① 选择需要设置链接的对象，在功能区切换到"插入"选项卡，在"链接"组中单击"超链接"按钮。如图 9-32 所示。

图 9-32　"超链接"按钮

② 在弹出的"插入超链接"对话框左侧的"链接到"栏中能够看到可设置的四种链接目标类型，这里选择"本文档中的位置"选项。

③ 在对话框中间的"请选择文档中的位置"列表框中列出了当前演示文稿中的各幻灯片，这里选择要链接的目标幻灯片，在"幻灯片预览"栏中会显示链接到的幻灯片缩略图以便确认，如图 9-33 所示，然后单击"确定"按钮。

④ 此时还看不到设置的效果，可以单击"幻灯片放映"视图按钮，进入放映状态。当鼠标移动到超链接对象上时，鼠标指针会变为手的样式，表示此对象上设置了超链接，单击该链接即会跳转到指定的幻灯片开始放映。然后使用同样的方法为目录幻灯片中的其他图形对象设置相应的链接。

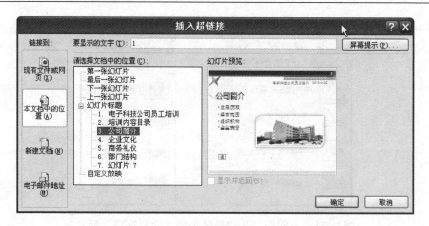

图 9-33 "插入超链接"对话框

任务实施

步骤 1 为演示文稿加入背景音乐。

① 选择企业产品推介演示文稿中的标题幻灯片，在功能区切换到"插入"选项卡，单击"媒体"组中的"音频"按钮，在弹出的"插入音频"对话框中选择"素材"文件夹中的"sound.wav"文件，然后单击"确定"按钮。

② 切换到音频工具的"播放"选项卡，勾选"音频选项"组中的"放映时隐藏"和"循环播放，直到停止"复选框，并在该组的"开始"列表中选择"跨幻灯片播放"命令（如图 9-34 所示）。

图 9-34 音频设置

步骤 2 添加视频。

① 选择演示文稿的第 3 张幻灯片，切换到"插入"选项卡，单击"媒体"组中的"视频"按钮，在弹出的"插入视频"对话框中选择"素材"文件夹中的"电子白板视频演示.wmv"文件，然后单击"确定"按钮。

② 切换到视频工具的"播放"选项卡，在"视频选项"组中的"开始"列表中选择"自动"命令。

③ 视频文件以图片的方式添加在幻灯片中，可以用视频工具的"格式"选项卡中的按钮对其进行格式设置。在"视频样式"的样式库中选择"圆形对角，白色"

命令，并在"视频效果"按钮的下拉菜单中选择"映像"，在其子菜单中选择"半映像，接触"命令，完成的效果如图 9-35 所示。

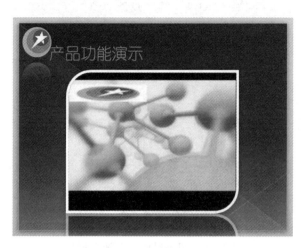

图 9-35 视频图片设置效果

步骤 3 为演示文稿中的对象设置动画效果。

（1）**快速设置统一的标题文字动画**。

① 切换到"视图"选项卡，选择"母版视图"组中的"幻灯片母版"按钮，进入母版视图窗口。

② 选择左侧窗格中的主母版，点击标题占位符，切换到"动画"选项卡，在"动画"组中的动画库中，选择"进入"栏中的"浮入"效果。

③ 在"计时"组的"开始"下拉列表中选择"与上一动画同时"命令。切换到"幻灯片母版"选项卡，单击"关闭"组中的"关闭母版视图"按钮，回到普遍视图窗口。

（2）**为艺术字标题设置多重动画**。

① 选择第 1 张标题幻灯片中的艺术字标题，切换到"动画"选项卡，在"动画"组中的动画库中，选择"进入"栏中的"翻转式由远及近"效果。

② 单击"效果选项"按钮，在下拉菜单中选择"按段落"命令。在"计时"组的"开始"下拉列表中选择"与上一动画同时"命令。

③ 单击"高级动画"组中的"添加动画"按钮，在展开的动画库中选择"强调"栏中的"放大/缩小"效果。在"计时"组的"开始"下拉列表中选择"上一动画之后"命令。

（3）**设置图表的分批次动画**。

① 选择第 6 张幻灯片中的图表对象，切换到"动画"选项卡，在"动画"组中的动画库中，选择"进入"栏中的"擦除"效果。

② 单击"效果选项"按钮，在下拉菜单中分别单击"方向"栏中的"自左侧"

命令和"序列"栏中的"按类别"命令，如图 9–36 所示。

图 9–36 图表对象动画效果选项

③ 在"计时"组的"开始"下拉列表中选择"上一动画之后"命令。点击"持续时间"文本框后的上下按钮，将持续时间调整为 1 秒。

④ 用以上方法为演示文稿中的其他对象依次添加动画，并设置各种选项。

步骤 4 设置幻灯片切换效果。切换到"切换"选项卡，在"切换到此幻灯片"组中的切换效果库中，选择"华丽型"栏中的"框"效果。单击"计时"组中的"全部应用"按钮。

 任务 9.3 演示文稿的放映与输出

任务描述

企业产品推介演示文稿基本制作完成，准备在参加品牌博览会时在展台循环播放，为了适应播放的环境，本任务将对演示文稿设置特定的放映方式，并输出为合适的文件格式，使演示文稿内容能够完整顺利地呈现在观众眼前。

知识准备

1. 以多种方式放映演示文稿

演示文稿制作完成后，可以将内容完整顺利地呈现在观众面前，即幻灯片的放映。要想准确地达到预想的放映效果，就需要确定放映的类型，进行放映的各项控制，以及其他的一些辅助放映手段的运用等。

（1）幻灯片放映的常规操作

前面介绍过幻灯片最常用的放映方式，其实幻灯片的放映大致有 4 种情况，即"幻灯片放映"选项卡下的"开始放映幻灯片"组中的 4 个按钮（如图 9-37 所示）：

图 9-37　"幻灯片放映"选项卡

① 从头开始：从第 1 张幻灯片开始放映，也可以按"F5"键实现。

② 当前幻灯片开始：从当前幻灯片放映到最后的幻灯片，也可以按"Shift+F5"组合键实现。

③ 广播幻灯片：通过 PowerPoint 的"广播幻灯片"功能，PowerPoint 2010 用户能够与任何人并在任何位置轻松共享演示文稿。只需发送一个链接并单击一下，所邀请的每个人就能够在其 Web 浏览器中观看同步的幻灯片放映，即使他们没有安装 PowerPoint 2010 也不受影响。

④ 自定义幻灯片放映：在相应对话框中可以在当前演示文稿中选取部分幻灯片，并调整顺序，命名自定义放映的方案，以便对不同观众选择适合的放映内容。

这里我们用员工培训演示文稿开始播放，选择"从头开始"按钮，此时幻灯片以全屏方式显示第 1 张幻灯片的内容，单击将切换到下一张幻灯片放映。因幻灯片中设置了链接，则单击链接可切换到指定目标放映，单击其中的动作按钮，同样可达到操作幻灯片切换的目的。

（2）辅助放映手段

① 定位幻灯片：在放映的幻灯片中右击，在弹出的右键菜单中选择"下一张"或"上一张"命令，可在前后幻灯片间进行切换，而如果选择"定位至幻灯片"命令，在其子菜单中选择相应项目，可直接跳转到对应的幻灯片进行放映，如图 9-38所示。

② 放映时添加注解：如果讲解时，需要通过圈点或画横线来突出一些重要信息，也可在右键菜单中选择"指针选项"命令，在弹出的菜单中选择不同的笔触类型，还可以在"墨迹颜色"下拉列表中选择笔迹的颜色。或按下"Ctrl+P"组合键直接使用默认的笔型进行勾画。

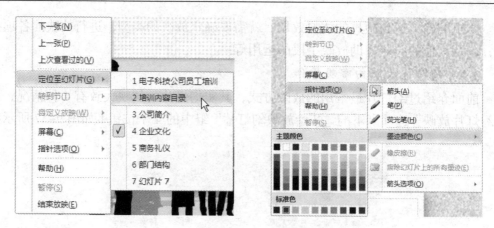

图 9-38　幻灯片放映的右键菜单选项

③ 清除笔迹：当需要擦除某条绘制的笔迹时，可以在右键菜单中选择"指针选项"中的"橡皮擦"命令，此时鼠标指针变为橡皮擦形状，在幻灯片中单击某条绘制的笔迹即可擦除。或直接按下键盘上的"E"键即擦除所有笔迹。

④ 显示激光笔：当演示文稿放映时，同时按下"Ctrl"键和鼠标左键，会在幻灯片上显示激光笔，移动激光笔并不会在幻灯片上留下笔迹，只是模拟激光笔投射的光点，以便引起观众注意。

⑤ 结束放映：当选择右键菜单中的"结束放映"时（或按下"ESC"快捷键），将立即退出放映状态，回到编辑窗口。如果放映时在幻灯片上留有笔迹，则会弹出对话框询问是否保留墨迹，如图 9-39 所示。单击"保留"按钮，则所有笔迹将以图片的方式添加在幻灯片中；单击"放弃"按钮，则将清除所有笔迹。

图 9-39　退出放映时的提示对话框

（3）排练计时

如果希望演示文稿能按照事先计划好的时间进行自动放映，则需要先通过排练计时，在真实放映演示文稿的过程中，记录每张幻灯片放映的时间。

① 在"幻灯片放映"选项卡的"设置"组中单击"排练计时"按钮，幻灯片进入全屏放映状态，并显示"预演"工具栏，如图 9-40 所示。

② 可以看到工具栏中当前放映时间和全部放映时间都开始计时，表示排练开始，这时操作者应根据模拟真实演示进行相关操作，计算需要花费的时间，决定何时单击"预演"工具栏中的 ➡ 按钮切换到下一张幻灯片。

③ 切换到下一张幻灯片后，可看到第一项当前幻灯片播放的时间重新开始计时，而第二项演示文稿总的放映时间将继续计时，如图 9-41 所示。

图 9-40　"预演"工具栏　　　　　图 9-41　排练计时

④ 同样，再进行余下幻灯片的模拟放映，当对演示文稿中的所有幻灯片都进行了排练计时后，会弹出一个提示对话框，显示排练计时的总时间，并询问是否保留幻灯片的排练时间，如图 9-42 所示。

图 9-42　排练计时结束对话框

⑤ 如果单击"是"按钮，幻灯片将自动切换到幻灯片浏览视图下，在每张幻灯片的左下角可看到幻灯片播放时需要的时间，如图 9-43 所示。

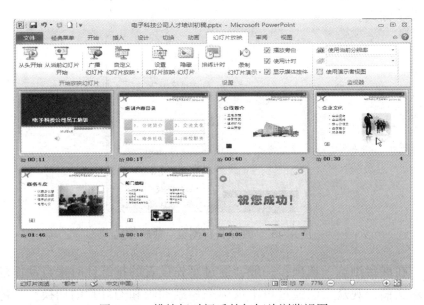

图 9-43　排练好时间后的幻灯片浏览视图

277

（4）**设置幻灯片放映**

在"幻灯片放映"选项卡的"设置"组提供了多种控制幻灯片放映方式的按钮，单击"设置幻灯片放映"按钮，将弹出"设置放映方式"对话框，可根据放映的场合设置各种放映方式，如图 9-44 所示。以下详细介绍一下各选项的功能：

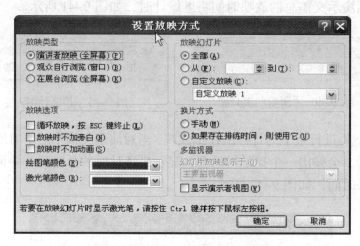

图 9-44　"设置放映方式"对话框

① "放映类型"栏

- "演讲者放映"选项：全屏演示幻灯片，是最常用的放映方式，讲解者对演示过程可以完全控制。

- "观众自行浏览"选项：让观众在带有导航菜单的标准窗口中，通过方向键和菜单自行浏览演示文稿内容（如图 9-45 所示），该方式又称为交互式放映方式。

图 9-45　"观众自行浏览"放映方式

- "在展台浏览"选项：一般会通过事先设置的排练计时来自动循环播放演示文稿，观众无法通过单击鼠标来控制动画和幻灯片的切换，只能利用事先设置好的链接来控制放映，该方式也称为自动放映方式。

② "放映选项"栏

- "循环放映，按 Esc 键终止"选项：放映时演示文稿不断重复播放直到用户按 Esc 键终止放映。
- "放映时不加旁白"选项：放映演示文稿时不播放录制的旁白。
- "放映时不加动画"选项：放映演示文稿时不播放幻灯片中各对象设置的动画效果，但还是播放幻灯片切换效果。
- "绘图笔颜色"和"激光笔颜色"选项：设置各笔型默认的颜色。

③ "放映幻灯片"栏

- "全部"选项：演示文稿中所有幻灯片都进行放映。
- "从……到"选项：在后面的数值框中可以设置参与放映的幻灯片范围。
- "自定义放映"选项：只有在创建了自定义放映方案时才会被激活，用于选择不同的自定义放映方案。

④ "换片方式"栏

- "手动"选项：忽略设置的排练计时和幻灯片切换时间，只用手动方式切换幻灯片。
- "如果存在排练时间，则使用它"选项：只有设置了排练计时和幻灯片切换时间，该选项才有效，当选择了"放映类型"栏的"在展台浏览"选项时，一般配合选择此选项。

⑤ "多监视器"栏

"多监视器"栏可以实现在多监视器环境下，对观众显示演示文稿放映界面，而演讲者通过另一显示屏观看幻灯片备注或演讲稿。"幻灯片放映显示于"列表只在连接了外部显示设备时才被激活，此时可以选择外接监视器作为放映显示屏，并勾选"显示演讲者视图"选项方便演讲者查看不同界面。

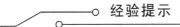 经验提示

需要注意的是，在"设置放映方式"对话框中的设置只有在演示文稿放映时才有效。

2. 演示文稿的输出

（1）打印幻灯片

屏幕放映是演示文稿最主要的输出形式，但在某些情况下，还需要将幻灯片中的内容以纸张的形式呈现出来。

① 打开演示文稿，单击"文件"按钮，在左侧菜单中选择"打印"项目，窗口右侧会出现打印的各类选项及打印预览栏，如图 9-46 所示。

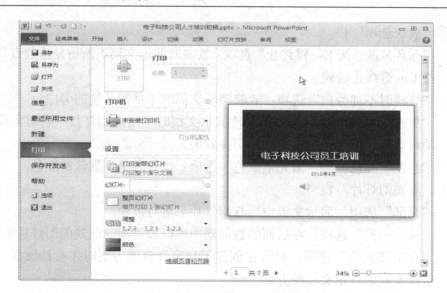

图 9-46 "打印"配置窗口

② 在打印演示文稿前，先要保证正确安装了打印机，在"打印机"下拉列表中选择与计算机连接的打印机。

③ 单击"设置"栏中的第一个下拉列表，根据需要选择打印所有幻灯片或部分幻灯片，这里我们选择"自定义范围"命令，并在下方的"幻灯片"文本框中输入要打印的幻灯片的页码范围"1-6"。

④ 单击"设置"栏中的"方向"下拉列表，选择"横向"命令。在"幻灯片打印版式"下拉列表中选择"6 张水平放置的幻灯片"命令，使打印的纸张为横向，一页打印 6 张幻灯片，可以在打印预览栏看到打印的效果。如图 9-47 所示。

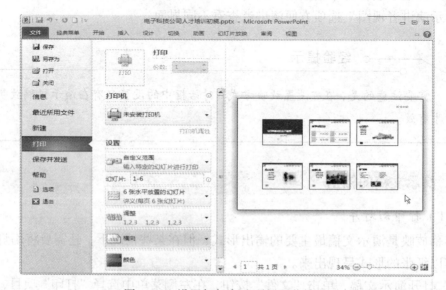

图 9-47 设置好打印选项的预览效果

⑤ 设置好了打印的基本选项后，在"份数"文本框中输入要打印的份数，如果要打印多页，还可以在"调整"下拉列表中选择各页的打印顺序。

（2）打包演示文稿

演示文稿中一般会使用一些特殊的字体，外部又链接着一些文件，对于这样的演示文稿如果要在其他没有安装 PowerPoint 的计算机中放映，则最好先将其打包，即将所有相关的字体、文件及专门的演示文稿播放器等收集到一起，再复制到其他计算机中放映，这样可以避免出现因丢失相关文件而无法放映演示文稿的情况，具体操作步骤如下：

① 单击"文件"按钮，选择"保存并发送"项目，在中间一栏的"文件类型"类别下，选择"将演示文稿打包成 CD"命令，再单击右侧的"打包成 CD"按钮，如图 9-48 所示。

图 9-48　"共享"项目窗口

② 在弹出的"打包成 CD"对话框中单击"选项"按钮，在出现的"选项"对话框中选中"链接的文件"和"嵌入的 TrueType 字体"两个复选框，还可以设置打开或修改演示文稿的密码，最后单击"确定"按钮（如图 9-49 所示）。

③ 返回"打包成 CD"对话框，单击其中的"复制到文件夹"按钮，在所弹出对话框的"文件夹名称"文本框中为打包文件夹命名，然后单击"浏览"按钮，在弹出的对话框中设置打包演示文稿的文件夹位置，然后单击"确定"按钮。

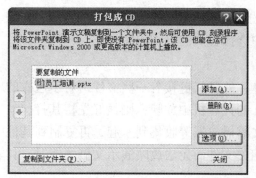 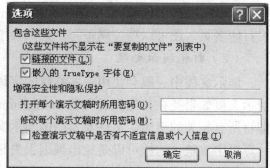

图 9-49 "打包成 CD"对话框及"选项"对话框

④ 此时程序会出现一个提示框,询问打包时是否包含链接文件(即演示文稿中插入的音频和视频文件),单击"是"按钮,程序将开始自动复制相关的文件到上一步的文件夹,并显示进度。

⑤ 复制过程完成后,程序默认打开打包文件所在的文件夹,可以看到其中包含了演示文稿、链接的文件及播放器等内容。PowerPoint 返回到"打包成 CD"对话框中,单击"关闭"按钮。

⑥ 要在其他计算机中放映该演示文稿时,只需将整个打包文件夹复制过去,并双击其中的".pptx"文件放映即可。

任务实施

步骤 1 为演示文稿排练计时。

① 打开企业产品推介演示文稿,在"幻灯片放映"选项卡的"设置"组中单击"排练计时"按钮,在每张幻灯片动画或视频结束时单击鼠标切换幻灯片,演示文稿播放时间自动保存。

② 当播放到演示文稿结尾时,弹出对话框询问是否保留幻灯片的排练时间,单击"是"按钮,进入幻灯片浏览视图,可以在每张幻灯片缩略图下看到保存的排练时间。

步骤 2 设置演示文稿放映方式。

① 单击"幻灯片放映"选项卡中"设置"组的"设置幻灯片放映"按钮,在弹出的"设置放映方式"对话框中,单击"在展台浏览(全屏幕)"单选按钮。

② 在"放映类型"栏取消勾选"放映时不加旁白"和"放映时不加动画"两个复选框。

③ 在"放映幻灯片"栏点击"全部"单选按钮,在"换片方式"栏点击"如果存在排练时间,则使用它"单选按钮。单击"确定"按钮。

④ 此时可以按"F5"键查看设置后的放映效果。

步骤3 将演示文稿打包成 CD。

① 打开企业产品推介演示文稿，单击"文件"按钮，选择"保存并发送"项目，在中间一栏的"文件类型"类别下，选择"将演示文稿打包成 CD"命令，再单击右侧的"打包成 CD"按钮。

② 单击"打包成 CD"对话框中的"复制到文件夹"按钮，在所弹出对话框的"文件夹名称"文本框中将打包文件夹命名为"企业产品推介"，然后单击"浏览"按钮，在弹出的对话框中将文件夹设置在桌面上，单击"确定"按钮。

③ 在出现的链接文件对话框中单击"是"按钮，返回到"打包成 CD"对话框时，单击"关闭"按钮。

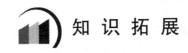

知 识 拓 展

1. 演示文稿的设计原则

做出一个成功的演示文稿不是一件容易的事情，如果设计的演示文稿内容杂乱无章、文本过多、设计不美观，那么就无法组织成一个吸引人的演示来传递信息。

遵循以下提出的这些设计原则，将帮助你开发出专业且引人注目的演示文稿：

（1）*服务听众、关注内容*

演示文稿的目的在于传达信息，演讲时演示文稿主要起辅助作用，而演讲者才是中心，演讲者应在不同场合针对不同听众制作不同层次内容的演示文稿。

① 针对不同的观众，应该有不同的内容，一个演示文稿只为一类人服务；

② 演讲的场合非常重要，是一对一、一对多还是公开演讲，要依赖演讲来表述更多细节；

③ 演示文稿永远为观众服务，千万不要以自我为中心；

④ 演示文稿只讲一个重点，不要试图在某个演示文稿中面面俱到。

（2）*组织内容要结构化*

演示文稿的内容应该怎么安排，是我们所要强调的演示文稿结构问题。

准备演示文稿内容和写文章一样，在定好主题后，先列出大纲，把重要的观点和关键词的关联性架构出来，再加上创意，以数据、图表、动画等视觉工具来辅助说明。

① 演示文稿的结构逻辑要清晰、简明，用"并列""递进"两类逻辑关系已经足以表达大多数层次结构；

② 通过不同层次的标题，标明演示文稿结构的逻辑关系；

③ 每一张幻灯片只要一个中心主题，加上描述性的标题或副标题；

④ 章节之间插入标题片，顺序演示播放，尽量避免回翻、跳过，混淆观众的思路。

（3）KISS 设计原则

演示文稿的设计应遵循 KISS 原则(Keep It Simple and Stupid)，即干净、简洁、有序。

① 使用风格统一的设计和配色，保持简单清晰的版式布局；

② "简明"是风格的第一原则，文字要精练，充分借助图表来表达；

③ 母版背景切忌用复杂的图片，空白或浅色底是首选，可以凸显图文；

④ 尽量少而简单地使用动画，特别是在正式的商务场合。

2. 使用"节"来管理幻灯片

"节"是 PowerPoint 2010 中新增的功能，主要用来管理幻灯片，可以使用多个节来组织大型演示文稿的结构，以简化其管理和导航。分好节之后，可以命名和打印整个节，也可将效果单独应用于某个节。

（1）创建节

对于幻灯片数量较多的演示文稿来说，将一个主题的幻灯片分节管理，可以帮助我们快速查找和浏览幻灯片内容。

打开"业绩报告.pptx"演示文稿，切换到"普通视图"，这里将按照主题将幻灯片分为"财务表现"、"业务发展"和"未来趋势"三个节。

① 点击第二张幻灯片，在功能区切换到"开始"选项卡，单击"幻灯片"组中的"节"按钮，在下拉菜单中单击"新增节"命令，如图 9-50 所示。

② 这时，幻灯片窗格中会出现两个节，一个是上一步骤中手动创建的第二张幻灯片前的节，名为"无标题节"；另一个是程序在第一张幻灯片前自动创建的节，名为"默认节"。如图 9-51 所示。

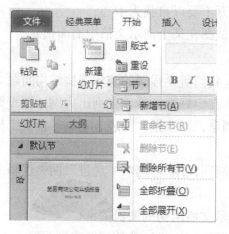

图 9-50　"新增节"命令项

图 9-51　创建的"无标题节"

③ 可使用以上方法依次为其余两个主题的幻灯片创建节。

（2）**重命名节**

新建节的名称均默认为"无标题节"，可以为其重命名，以便识别。

① 在节上单击鼠标右键，在右键菜单中单击"重命名节"命令（如图9-52所示）。

② 在弹出的"重命名节"对话框中，将"节名称"文本框内容修改为本节的名称"财务表现"，然后单击"重命名"按钮，如图9-53所示。

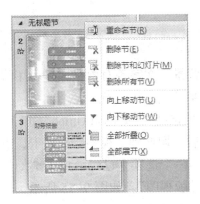

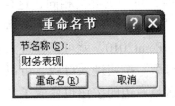

图9-52 "重命名节"命令项   图9-53 "重命名节"对话框

③ 用以上方法为其他节重命名。

（3）**折叠和展开节**

① 折叠或展开单个节：在"普通视图"或"浏览视图"中，双击要折叠或展开的节。折叠的节上会显示节的名称及本节幻灯片的数量，如图9-54所示。

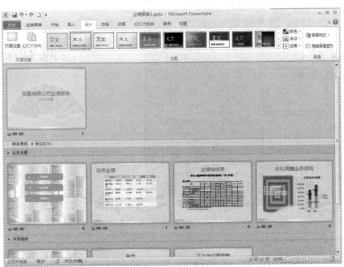

图9-54 折叠和展开节

② 折叠或展开全部节：在"开始"选项卡中，单击"幻灯片"组中的"节"按钮，在下拉菜单中单击"全部折叠"或"全部展开"命令。也可以在节的右键菜单中选择相应命令。

（4）为节应用不同的主题

① 单击"财务表现"节，此时节和其中的幻灯片都被选中。

② 在功能区切换到"设计"选项卡，单击"主题"组主题库中的"跋涉"主题，可以看到节中的幻灯片均应用了所选主题。

3. 幻灯片母版

母版可以简单理解为模板，对母版的背景、文字等对象格式进行了设置后，在制作 PPT 时，每一页都会相同，这样会事半功倍，风格统一。

单击"开始"菜单，选择"所有程序"，再选择"Microsoft Office"，点击"Microsoft Office PowerPoint2010"就可以在进入 PPT 后，切换到"视图"选项卡，点击其中的"幻灯片母版"按钮进入母版，可以看到第一个选项卡已经变成了"幻灯片母版"，同时功能区最右边的按钮也变成了"关闭母版视图"。如图 9-55 所示。

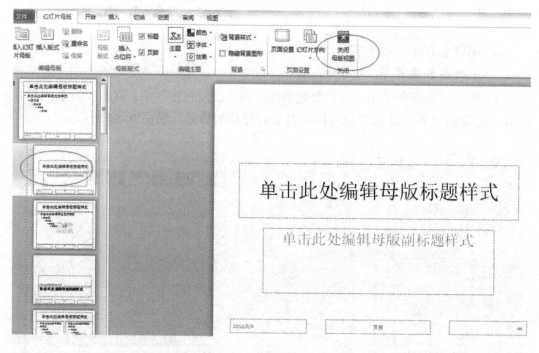

图 9-55　启动幻灯片母版

实践操作一、设置背景

先从左侧选择一种版本（默认是当前），单击"背景样式"按钮，选择其中的一种背景样式，如图 9-56 所示。然后可以看到正文中已经改变。

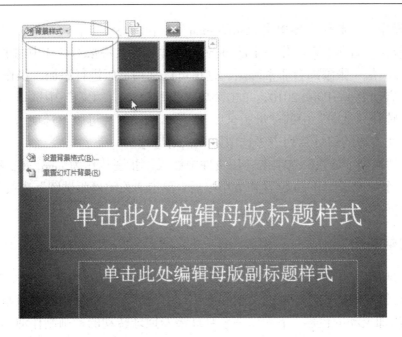

图 9-56 启动幻灯片母版中背景设置

　　确定了背景（同时左边也可确认）后，再选中一个编辑框，并切换到"格式"选项卡，单击其中的"形状轮廓"按钮，从弹出的面板中选择一种颜色（如黄色），如图 9-57 所示，并设置相关线型等。再按需要设置其他格式，设置完成后再切换到"幻灯片母版"选项卡，单击最后面的"关闭母版视图"按钮退出母版编辑模式，返回到正常的编辑状态。可以看到，新建的页都会应用刚才母版设置的效果了。

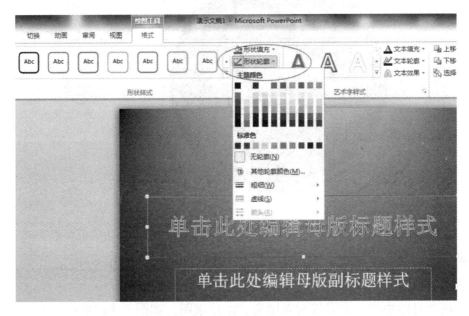

图 9-57 编辑形状轮廓

实践操作二、制作宣传单中公司的 logo

有时候为了宣传，在制作一个演讲的 PPT 时需要在每张幻灯片中添加一张公司的 logo，若一张一张添加会非常麻烦。这里可以利用母版进行添加，操作步骤是：

（1）启动 PowerPoint 2010，单击菜单"设计"，从"主题"中选择一款母版。

（2）转到"试图"中的"母版试图"，单击"幻灯片母版"选项卡。

（3）在左边的幻灯片列表中选中第一张幻灯片。

（4）切换到"插入"选项卡，从文件中插入一张图片作为 logo，在编辑区中调整图片的位置；调整好 logo 位置和大小以后，单击"关闭母版试图"选项卡，这样，在每张幻灯片中就自动添加一张 logo 图片了。

4. 动画制作

PPT 动画其实并不只是百叶窗、飞入、飞出、弹跳等几种姿势。一个好的 PPT，不仅需要有整齐的格式、精彩的文案和配图，有时还需一个动画起到吸睛效果，为整个 PPT 添加灵动的色彩。下面以一个月球绕着地球转动的动画制作演示为例展示动画的使用。

在打开的 PPT 幻灯片中，选要设置动画的图片，如图 9-58 所示的一个地球形状。设置好该地球图的中垂线，以方便在它的左右两侧分别设置一个小黄球代表月球。

图 9-58　月球绕地球转图

在地球的两侧设置两个小黄球，并设置组合图形，如图 9-59 所示。

将两月球组合图设置为陀螺旋动画，如图 9-60 所示。

将两个月球中的一个设置为无填充，隐掉该图，如图 9-61 所示。

图 9-59　两月球设置组合图形

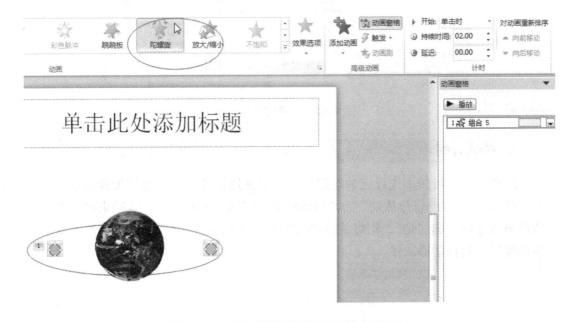

图 9-60　两月球组合图设置为陀螺旋动画

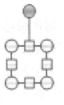

图 9-61　设置右边月球图隐去

5. 投屏设置

若 PPT 播放时幻灯片不能满屏，则可以去设置幻灯片大小，以达到合适比例并达到最佳投影效果。操作是：菜单"设计"→"页面设置"，根据自己电脑屏幕大小设置幻灯片大小。如图 9-62 所示。

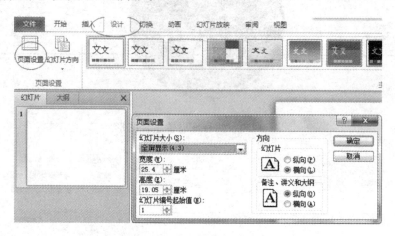

图 9-62　设置幻灯片大小

6. 排练计时

放映幻灯片可按事先设定的时限进行，可使用排练计时。操作步骤如下：

打开 PPT，"幻灯片放映"→"排练计时"（放映一遍幻灯片），结束时会弹出对话框是否保留，选"是"，幻灯片放映时勾选"使用排练计时"，这样放映时就会按你排练的时间自动播放了。

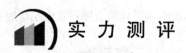

实　力　测　评

1. 制作学校情况介绍演示文稿

测评目的：

利用所学的演示文稿的基本制作功能，完成自己学校的介绍演示文稿。

测评要求：

收集与学校相关的图、文，以向别人介绍自己的学校为目的制作演示文稿。内容要简练直观，整体风格要大方得体。具体要求如下：

① 新建一个演示文稿，以"本人姓名.pptx"命名并保存；

② 演示文稿中至少包括五张幻灯片，内容以介绍自己学校的面貌为主；

③ 幻灯片内容以文字与图片、图形相配合，利用背景与配色方案的设计美化文稿；

④ 利用母版处理幻灯片中的共同元素；

⑤ 演示文稿中应用幻灯片之间的切换、链接，达到更好的放映效果。

2. 制作一次班会活动宣传短片

测评目的：

利用所学演示文稿的高级设计方法，制作班会活动的宣传短片。

测评要求：

将一次班会活动的各种资料汇集，制作宣传短片，让更多的人了解本次活动的内容，具体要求如下：

① 将班会活动时的照片、录音、视频等多种元素应用到短片中，达到更好的宣传作用；

② 为演示文稿中的多种对象设计动画效果，使短片效果更生动活泼；

③ 排练每张幻灯片的自动播放计时，让演示文稿可以自行循环放映；

④ 用多种方式输出演示文稿，让更多的同学和老师了解本次活动。